# Das Bayernwerk und seine Kraftquellen

Von

**Dipl.-Ing. A. Menge**
Vorstandsmitglied der Bayernwerk A.-G., Walchenseewerk A.-G.
und Mittlere Isar A.-G., München

Mit 118 Abbildungen im Text
und 3 Tafeln

Springer-Verlag Berlin Heidelberg GmbH
1925

ISBN 978-3-642-90096-9 ISBN 978-3-642-91953-4 (eBook)
DOI 10.1007/978-3-642-91953-4

# Vorwort.

Der Bau der staatlichen Großwasserkraftwerke in Bayern und die Zusammenfassung und Verteilung der anfallenden Energiemengen durch das 110 kV-Netz des Bayernwerkes haben das Interesse der breitesten Öffentlichkeit wachgerufen. Eine Reihe von Vorträgen, welche der Verfasser während der Bauzeit der Werke in verschiedenen Fachvereinen Münchens, bei der Tagung des Bundes der Freunde der Technischen Hochschule München im Jahre 1923 hielt, und sein Referat über „Elektrische Energieverteilung in Deutschland mit besonderer Berücksichtigung des Bayernwerkes“, anläßlich der Londoner Weltkraft-Konferenz im Juli vorigen Jahres in Wembley erstattet, wurden im folgenden zusammengefaßt, erweitert und tragen nunmehr der Vollendung des ersten Ausbaues Rechnung.

Der Text wird durch zahlreiche Abbildungen ergänzt, für deren Beigabe, insbesondere der Konstruktionszeichnungen, den einzelnen Baufirmen der gebührende Dank auch an dieser Stelle zum Ausdruck gebracht werden soll. Nicht zuletzt möchte ich auch dem Verlage für die buchtechnische Ausstattung und das bereitwillige Eingehen auf alle meine Wünsche und Anregungen danken.

München, im April 1925.

**A. Menge.**

# Inhaltsübersicht.

## Das Bayernwerk.

## Das Walchenseewerk.



## Die Anlagen der Mittleren Isar.

# Abbildungsverzeichnis.

# Einleitung.

Seit im Jahre 1912 mit der Fernübertragung Lauchhammer—Riesa die erste 100000 Volt-Leitung Europas in Betrieb gesetzt wurde, hat sich in Deutschland immer mehr das Prinzip durchgesetzt, die Stromerzeugung teils in kalorischen, teils in hydraulischen Kraftwerken in größtem Maßstab zu zentralisieren und die Energie in Hoch- und Höchstspannungsnetzen über ganze Provinzen und Länder zu verteilen. In Deutschland sind in den letzten Jahren bei folgenden Elektrizitätsversorgungs-Unternehmungen große 100000 Volt-Netze ausgebildet worden:

Rheinisch-Westfälische Elektrizitätswerke A.G., Essen,
Elektrowerke A.G., Berlin,
Aktiengesellschaft Sächsische Werke, Dresden,
Württembergische Landes-Elektrizitäts-A.G., Stuttgart,
Badische Landes-Elektrizitätsversorgung-A.G., Karlsruhe,
Bayernwerk A.G., München,

von denen die beiden letzten auf Wasserkraft, die ersteren dagegen auf Kohle bzw. Kohle und Wasserkraft basieren.

Beim Bayernwerk war schon bei den ersten Entwürfen die planmäßige Energieversorgung eines ganzen Landes beabsichtigt und es konnte infolgedessen bei Ausgestaltung aller Einzelheiten auf Einheitlichkeit der Gesamtanlage hingearbeitet werden, welche die Erfüllung folgender Aufgaben ermöglicht:

1. die großen zum Teil speicherfähigen Wasserkräfte — vorerst die gleichzeitig mit dem Bayernwerk ausgebauten Werke des Walchensees (Speicherwerk) und der Mittleren Isar im I. Ausbau Laufwerk, später speicherfähig — für die Versorgung des ganzen Landes tunlichst vollkommen auszunützen und damit die Verwendung der Kohle für die Elektrizitätserzeugung weitgehend einzuschränken;

2. die Verbindung zwischen den bestehenden, mit Wasser- oder Dampfkraft betriebenen Elektrizitätswerken herzustellen, behufs Austausches überschüssiger Energiemengen und Lieferung von Aushilfskraft;

3. bei günstigen Wasserverhältnissen mit Wasserkräften gewonnene Energiemengen, die in Bayern selbst nicht rationell verbraucht werden können, an die Nachbarländer abzugeben und von diesen zu Zeiten der Wasserknappheit in Dampfkraftwerken erzeugte Energie zu beziehen.

Der Gedanke, ein der Versorgung des ganzen Landes dienendes Hochspannungsnetz zu erbauen, stammt von Geh. Baurat Exzellenz Dr. Oskar von Miller. Um die Jahreswende 1918/1919 betraute die bayerische Staatsregierung Herrn von Miller als „Staatskommissar, mit der Ausführung seiner in den Kriegsjahren 1915—1917 ausgearbeiteten Projekte. In seinen bewährten Händen lag die Leitung der Arbeiten bis zu der im Jahre 1921 erfolgten Übernahme der Geschäfte durch die in der Zwischenzeit mit einem Kapital von 100 Millionen P.-Mark gegründeten Bayernwerk A. G.

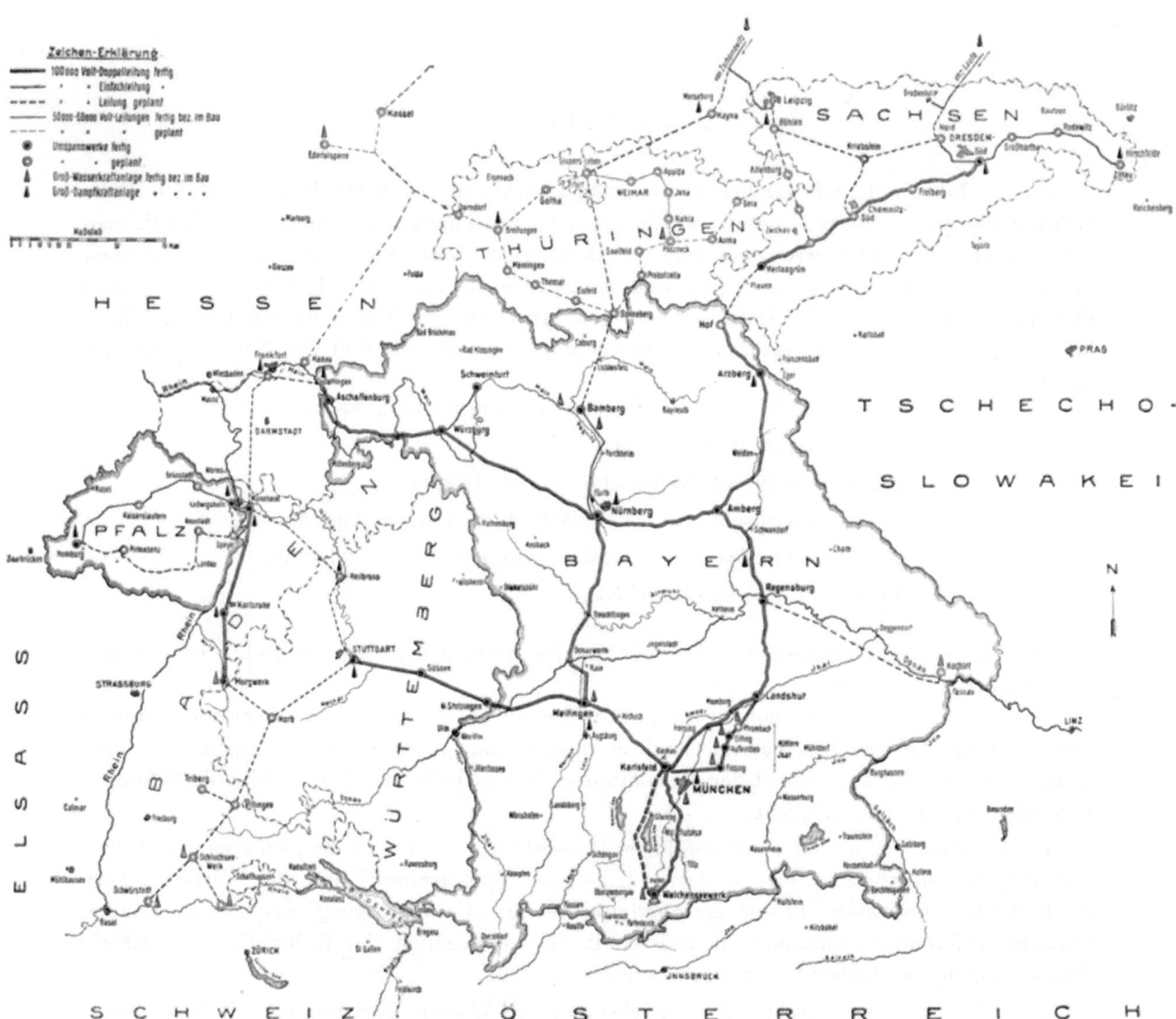


Bild 1. 100 und 60 kV-Verteilungsnetze in Süddeutschland.

Naturgemäß ergaben sich bei der Durchführung des v. Miller'schen Projektes gegenüber den ursprünglichen Plänen verschiedene Änderungen, die jedoch nicht prinzipieller Natur waren.

# Das Bayernwerk.

Bild 2. Elektrizitäts-Versorgungsgebiete im rechtsrheinischen Bayern mit Bayernwerknetz.

**Zeichenerklärung:**

| | | | |
|---|---|---|---|
| ══ | Ausgeführte 110 kV-Leitung mit Doppelgestänge. | ⚒ | Leitung mit Hewlett-Isolatoren ausgerüstet. |
| ── | Ausgeführte 110 kV-Leitung mit Einfachgestänge. | T | Leitung mit Kugelkopf-Isolatoren ausgerüstet. |
| ═ ═ ═ | Ausgeführte 110 kV-Leitung mit Doppelgestänge, vorläufig einfach belegt. | T | Leitung mit Kegelkopf-Isolatoren ausgerüstet. |
| :═:═: | Projektierte 110 kV-Leitung mit Doppelgestänge. | V | Leitung mit Vaupel-Ring-Isolatoren ausgerüstet. |
| Cu | Kupferleitung, je System 3 × 120 qmm Querschnitt. | ■ | Ausgeführte Umspannwerke. |
| Al | Aluminiumleitung, je System 3 × 120 qmm Querschnitt. | □ | Projektierte Umspannwerke. |

Das Leitungsnetz des Bayernwerkes hat sich aus dem Gedanken heraus entwickelt, die einzelnen Umspannwerke jeweils in den Verbrauchsschwerpunkten zu errichten. Entsprechend dieser Forderung wurden 12 Umspannwerke vorgesehen in den Orten: Karlsfeld bei München, Landshut, Regensburg, Amberg, Arzberg, Hof, Nürnberg, Meitingen bei Augsburg, Bamberg, Würzburg, Schweinfurt, Aschaffenburg. Der Bau des Umspannwerkes bei Hof ist vorläufig zurückgestellt worden. Das Umspannwerk in Kochel wurde als Bestandteil des Walchenseewerkes von der Walchenseewerk A.G. nach den Plänen des Bayernwerkes errichtet.

# A. Fernleitungen des Bayernwerkes.

## a) Allgemeines.

Um der zukünftigen Entwicklung Rechnung zu tragen und bei Leitungsstörungen den Betrieb aufrecht erhalten zu können, wurden die Umspannwerke Karlsfeld bei München, Meitingen, Nürnberg, Amberg, Regensburg und Landshut durch eine 110 kV-Ringleitung verbunden. Die Ringleitung sowohl, wie auch die Hauptabzweigungen (nach Norden die Leitung Amberg—Hof, nach Nordwesten die Leitung Nürnberg—Aschaffenburg und nach Westen die Leitung Meitingen—Niederstotzingen) und die zwei Leitungen vom Walchenseewerk bis zum Umspannwerk Karlsfeld bei München sind als Doppelleitungen, also zum Auflegen von 6 Seilen vorgesehen. Die Umspannwerke in Bamberg und Schweinfurt sind durch 110 kV-Stichleitungen, die als Einfachleitungen ausgebildet sind, an Nürnberg bzw. Würzburg angeschlossen.

Als Kraftquellen stehen dem Bayernwerk in erster Linie die Anlagen des Walchenseewerkes und der Mittleren Isar zur Verfügung, deren Energieanfall zu $^2/_3$ in das Netz des Bayernwerkes, zu $^1/_3$ in das 110 kV-Einphasennetz der Deutschen Reichsbahn-Gesellschaft gedrückt wird und deren Betrieb in den Händen des Bayernwerkes liegt. Auf Einzelheiten dieser Großwasserkraftanlagen wird noch zurückzukommen sein. Erwähnt sei an dieser Stelle, daß dem Bayernwerk im Walchenseewerk ab 1924 normalerweise je Jahr 120 Mio kWh Drehstromdarbietung mit einer Spitzenleistung von rd. 50000 kW bei $\cos\varphi = 0{,}8$ zur Verfügung stehen, die im derzeitigen Ausbau durch eine 110 kV-Doppelleitung nach dem Umspannwerk Karlsfeld bei München übertragen werden.

Aus den Anlagen der Mittleren Isar sollen nach Fertigstellung des I. Ausbaues rd. 220 Mio kWh mit 45000 kW Spitzenleistung für die Versorgung Bayerns bezogen werden. Die Aufnahme der Energiemengen der Mittleren Isar erfolgt mittels einer 60 kV-Doppelleitung in den Umspannwerken Landshut und Karlsfeld bei München.

Die Netzlänge des Bayernwerkes (einschließlich der 50 km Doppelleitung Meitingen-Niederstotzingen) beträgt 930 km[1]); davon sind 97 km als Einfachleitungen gebaut, 833 km entfallen auf die mit Doppelgestängen ausgerüsteten Leitungen.

Entsprechend den für den I. Ausbau zu gewärtigenden Belastungen sind diese Strecken mit Ausnahme der Speiseleitung Kochel—Karlsfeld vorerst nur mit einem System, also 3 Leitern, belegt. Nur auf der Strecke Kochel—Karlsfeld wurden wegen der Wichtigkeit dieser Hauptspeiseleitung sofort 6 Leitungsseile aufgebracht.

Für die Leitungsführung waren folgende Gesichtspunkte maßgebend, welche nach Möglichkeit berücksichtigt wurden:

Erreichung einer geraden Trasse in der Nähe von guten Wegen, also weitgehende Vermeidung von Knickpunkten, damit Ersparung von Winkelmasten;

Vermeidung von Gelände mit hohem Grundwasserstand;

Vermeidung von Wäldern;

in bergigem Terrain Führung der Leitung in Längstälern, und zwar zum Schutz gegen Sturm möglichst am Bergabhang;

[1]) Durch die zurzeit im Bau befindliche zweite Leitung Kochel—München mit rund 75 km Trassenlänge ist die Gesamtleitungslänge des Bayernwerkes auf rund 1000 km angewachsen. Die neue Leitung wird 3drähtig mit 120 mm² Kupfer belegt und zur einen Hälfte mit Kugelkopf-, zur anderen Hälfte mit Vaupel-Ring-Isolatoren ausgerüstet. Für die Maste wird quadratischer Querschnitt verwendet, was gegenüber rechteckigem Mastquerschnitt ein rund 20% höheres Mastgewicht ergibt.

Vermeidung von Gegenden mit starker Rauhreifbildung, wie sie z. B. in der Gegend von Freising und Donauwörth auftritt;

endlich störungslose Einfügung in das Landschaftsbild, um den gerechtfertigten Belangen des Heimatschutzes zu entsprechen.

Trotz Berücksichtigung all dieser Gesichtspunkte ist es gelungen, ein günstiges Verhältnis zwischen Länge der Detailtrassierung und der Luftlinie zu erzielen. Insgesamt stand der Summe der kürzesten Abstände zwischen den Umspannwerken (Luftlinie) von 845 km eine Länge der Detailtrassierung von 929 km gegenüber. Die Differenz betrug also 84 km, das sind ungefähr 9%. Auf der ungünstigsten Strecke Würzburg—Aschaffenburg beträgt dieser Satz 23,8%, auf der günstigeren Strecke Amberg—Regensburg 2,9%.

## b) Maste.

Der Mastenberechnung liegt eine Belastung durch 1 bzw. 2 Drehstromleitungen von 120 mm² Kupfer und ein Eisenseil von 50 mm² Querschnitt bei 240 m Spannweite zugrunde. Eine Ausnahme bilden die Maste vor den Umspannwerken. Hier tragen dieselben

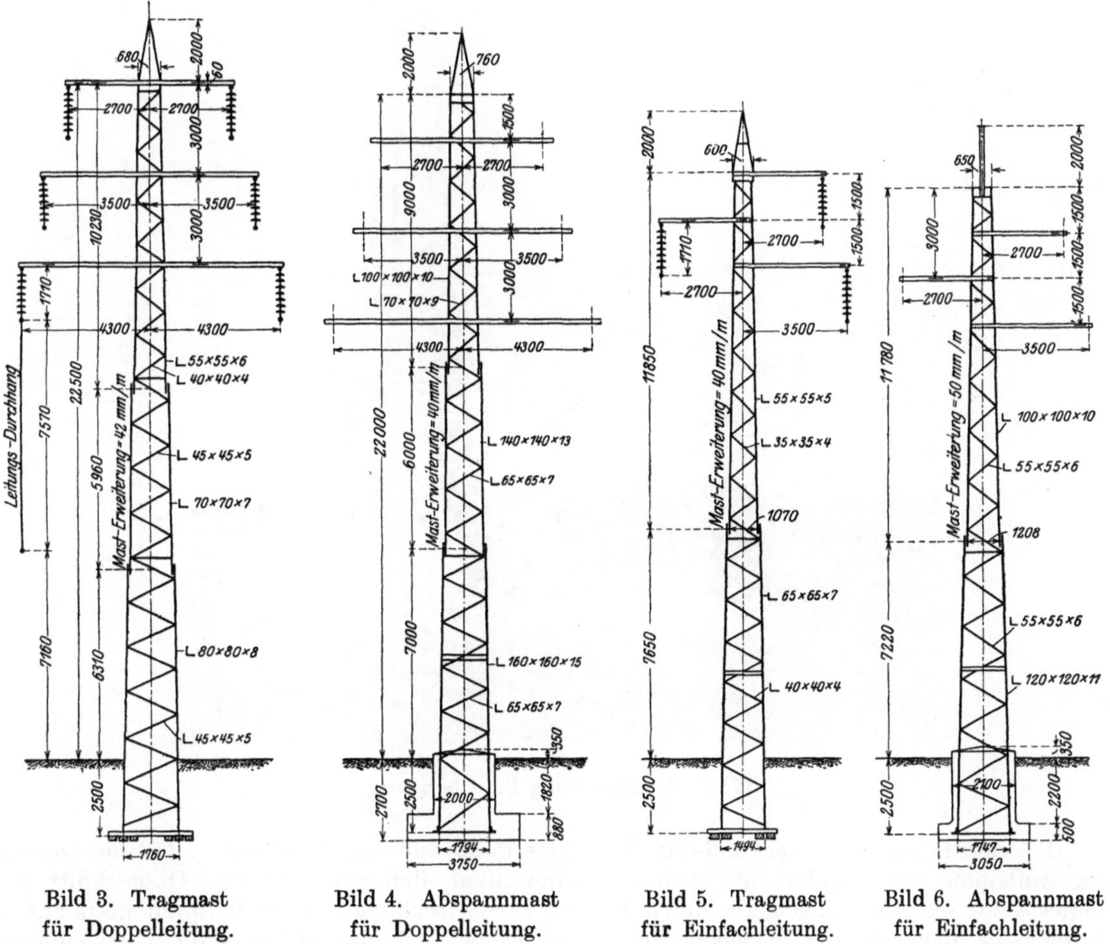


Bild 3. Tragmast für Doppelleitung. Bild 4. Abspannmast für Doppelleitung. Bild 5. Tragmast für Einfachleitung. Bild 6. Abspannmast für Einfachleitung.

auf eine Länge von etwa 1 km drei Erdungsseile zur Erreichung einer verstärkten Schutzwirkung. Soweit angängig, wurden die Maste normalisiert und folgende Typenreihen geschaffen:

1. Für die Doppelleitungen:
   a) Tragmaste von 22,5, 24,5 und 26,5 m Höhe über dem Boden;
   b) Abspannmaste von 22, 24, 26 und 28 m Höhe über dem Boden;

2. für die Einfachleitungen:

a) Tragmaste von 19,5 und 21,5 m Höhe über dem Boden;

b) Abspannmaste von 19 und 21 m Höhe über dem Boden.

Die Bilder 3 mit 6 zeigen einige Normalmasttypen, aus denen die Anordnung der Leiter am Mast sowie die Phasenabstände zu ersehen sind.

Bild 7. Mainkreuzung bei Obernburg.

Die vom Bayernwerk verwendeten Eisengittermaste sind so konstruiert, daß sie sowohl zur Auflegung von Kupfer- als auch von Aluminiumseilen von 120 mm² Querschnitt geeignet sind; das ist möglich, da die mit einer Beanspruchung von 16 kg/qmm gespannten Kupferseile ungefähr den gleichen Durchhang haben, wie die mit 9 kg/qmm gespannten Aluminiumseile. Daraus ergibt sich der Vorteil, die mit Aluminium belegten Leitungsstrecken bei später ansteigenden Transportleistungen mit Kupferleitungen ausrüsten zu können.

Kreuzungs- und Spezialmaste sind für einen Spitzenzug von 7000 kg, die Tragmaste für 1300 kg berechnet; Kreuzungs- und Spezialmaste wurden nach Möglichkeit mit gleichen Höhen ausgeführt.

An größeren Flußkreuzungen kamen 5 Mainkreuzungen mit insgesamt 11 Türmen von durchschnittlich 37 m Höhe in Betracht. An der Donau bei Regensburg erfolgt die Überkreuzung mittels zweier 50 m hoher Türme.

Bei den Doppelleitungen ist, soweit die Belegung bereits schon im derzeitigen Ausbau mit 6 Seilen erfolgte, aus Gründen der Betriebssicherheit je ein Drehstromsystem auf einer Mastseite aufgelegt; soweit zunächst nur ein Drehstromsystem verlegt wurde, sind zwei Phasen auf der einen, die dritte Phase auf der anderen Mastseite, und zwar auf der obersten

Bild 8a und 8b. Donaukreuzung (Turmhöhe 50 m).

Traverse befestigt. Zum Ausgleich der durch die unsymmetrische Leiteranordnung bedingten ungleichen Kapazitäten und Induktivitäten je Leiter wurden die Leitungen nach den Vorschlägen von Prof. Petersen-Darmstadt verdrillt. (Bild 9.) Im allgemeinen findet zwischen je zwei Umspannwerken eine vollständige Verdrillung statt. Die Verdrillung erfolgt auf Abspannmasten, die zu diesem Zwecke mit Hilfstraversen ausgerüstet sind. Bild 10 zeigt einen derartigen Verdrillungsmast.

Bild 10. Verdrillungsmast bei Königsdorf.

Bild 11. Trennschaltermast bei Georgensgmünd.

Schließlich sind noch als weitere Mastabart die Trennschaltermaste zu erwähnen, welche auf den Leitungsstrecken in ca. 35 km Entfernung von den Umspannwerken eingebaut wurden und die Aufgabe haben, bei Leitungsstörungen die Leitung unterteilen zu können und dadurch den Fehlerort einzugrenzen. Bild 11 zeigt die Kopfkonstruktion der Trennschaltermaste.

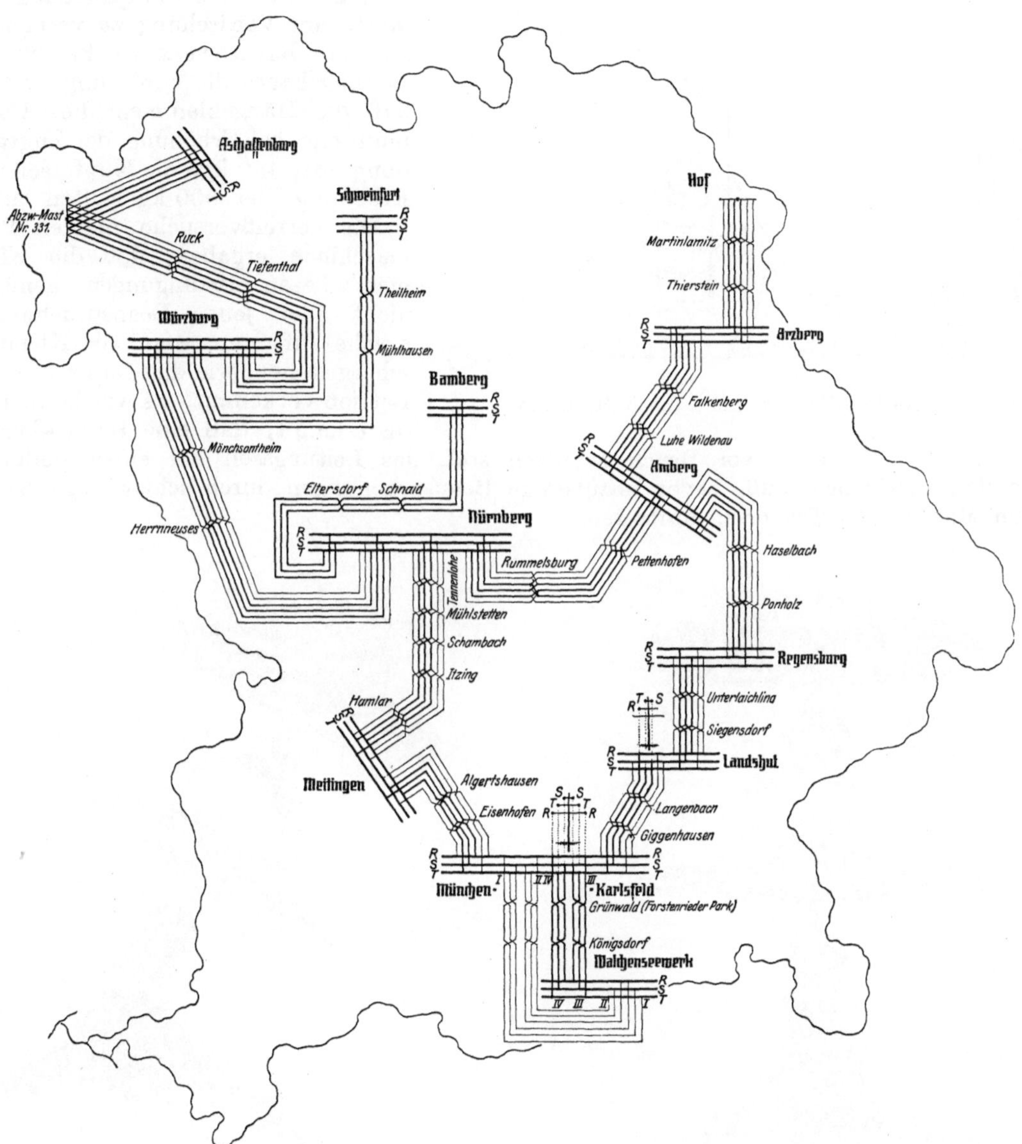


Bild 9. Verdrillungsschema des Bayernwerknetzes.

## c) Leitungsmaterial.

Als Leitungsmaterial wurden für die Ringleitung mit Rücksicht auf deren Belastung mit Ausnahme der Strecke Karlsfeld—Landshut, zu welcher durch den Anschluß der Kraftwerke der Mittleren Isar eine Parallelleitung besteht, Kupferseile von 120 mm² Querschnitt gewählt, die aus 37 Drähten von je 2 mm Durchmesser bestehen. Für die übrigen Leitungen ist als Leitungsmaterial Reinaluminium verwendet, nachdem sich dieses Metall in Amerika sowie bei großen deutschen Kraftübertragungsanlagen für Weitspannsysteme gut bewährt hat und seine Verwendung bei der vorhandenen großen inländischen Erzeugung im volkswirtschaftlichen Interesse lag. Verlegt wurden 37drähtige Aluminiumseile von 120 mm²

Querschnitt, die in Längen von 3500 m angeliefert wurden. Als Erdseil dient ein 7drähtiges Eisenseil von 50 mm² Querschnitt und 70 kg/qmm Bruchfestigkeit, welches mit 15 bis 20 kg/mm² gespannt ist. Für Spannweiten über 300 m werden aus Gründen der Betriebssicherheit Bronzeseile mit einer Bruchfestigkeit von 70 kg/mm² verwendet, die im übrigen die gleichen Konstruktionsdaten wie die Kupferseile aufweisen.

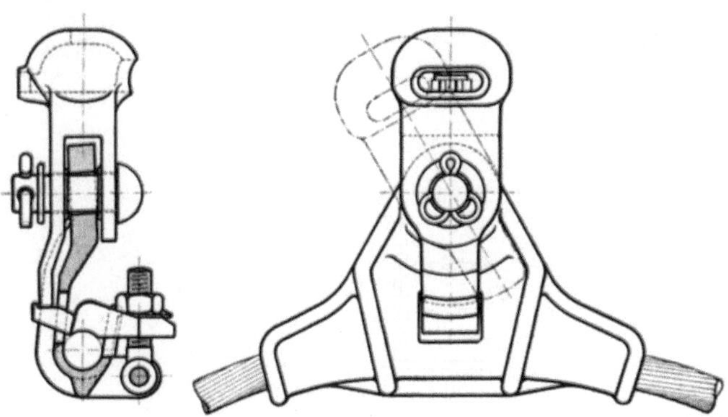

Bild 12. Auslöse-Hängeklemme (nach Hofmann).

Um eine Überbeanspruchung der Maste auf Verdrehung zu vermeiden, hat das Bayernwerk zu Beginn des Leitungsbaues die Forderung gestellt, daß die Hängeklemmen die Aluminiumseile bei Erhöhung der Zugspannung über 450 kg, die Kupferseile bei Erhöhung über 800 kg gleiten lassen.

Die Zerreißversuche in den Prüfmaschinen ergaben, daß die Klemmen diesen Bedingungen genügen, nicht aber jenen Beanspruchungen, welche auftreten, wenn die Klemmen schräg stehen, wie dies im praktischen Betrieb vorkommt. Es wurde als richtig erkannt, daß eine Hängeklemme, wenn sie den Tragmast vor Bruch schützen soll, das Leitungsseil bei einem Seilbruch schon dann freigeben muß, bevor unzulässige Beanspruchungen durch schlagartige Kräfte in den Masten und Traversen auftreten.

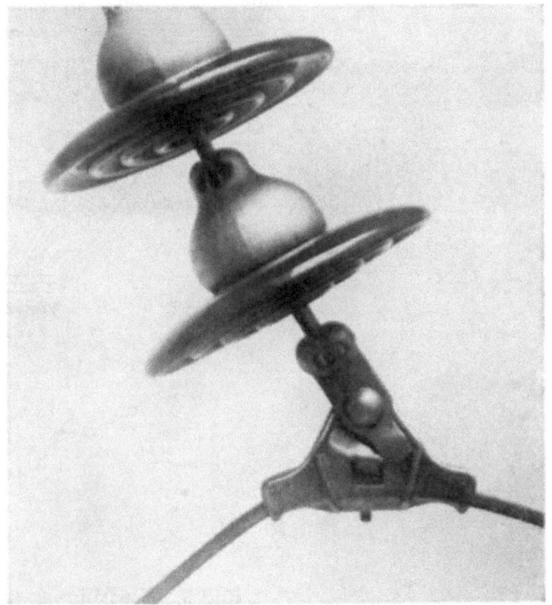

Bild 13 und 14. Hofmann-Auslöse-Hängeklemme (Neukonstruktion)
vor der Auslösung. nach der Auslösung.

Die von der Bayernwerk A.G. angestellten Untersuchungen gaben den in Betracht kommenden Firmen Anregung zu verschiedenen Neukonstruktionen von Auslöse- oder Rutschklemmen. Um diese Klemmen auf ihre Brauchbarkeit zu prüfen, wurden von der Bayernwerk A.G. im Oktober 1924 Versuche in großem Maßstab durchgeführt.

Bei diesen Versuchen wurde die Wirkung des Abschnellens von Eislast sowie des Seilbruches künstlich herbeigeführt. Das Reißen einer Leitung wurde dadurch nachgeahmt, daß das zu einer Winde herabgeführte Seil durch Öffnen einer sog. Bahnklemme schlagartig freigegeben wurde.

Die gesamten Vorgänge wurden kinematographisch aufgenommen. In verschiedene Hänge-Isolatorenketten waren Dynamometer eingebaut, um festzustellen, ob beim Abtrennen des Seiles zusätzliche, schlagartig wirkende Kräfte auf die Maste ausgeübt werden. Die Versuche wurden an verschiedenen Klemmen durchgeführt und ergaben, daß die in den Bildern 12, 13, 14 abgebildete Auslöse-Hängeklemme den Anforderungen entspricht.

Die Auslöse-Hängeklemme (Firma Hofmann, Kötzschenbroda) hält das Leitungsseil in normaler, also senkrechter Lage der Hängeketten mit ungefähr 600 bis 700 kg Festigkeit gegen seitliche Verschiebung fest. Stellt sich aber aus irgendeiner Ursache die Hängekette schräg und überschreitet die Schrägstellung hierbei einen Winkel von ca. 30° gegenüber der senkrechten Stellung, so wird das Gegenlager des Deckels von einer Kulisse freigegeben, und das Leitungsseil kann ungehindert durchrutschen (Bilder 13 und 14). Das Durchrutschen kann durch Einbau von Klemmbacken auf einen gewünschten Weg beschränkt werden. Der Auslösemechanismus erfordert bei stärkstem Anzug des Klemmdeckels nur eine Kraft von 150 kg, so daß größere Zugkräfte auf die Masttraversen nicht ausgeübt werden können.

Bild 15a und 15b. Bergmann-Klemme (Neukonstruktion).

Das Bayernwerk wird in den mit Rauhreif am meisten bedrohten Gebieten sämtliche Hängeklemmen umbauen.

Die Hängeklemmen von Aluminiumleitungen sind, falls aus betrieblichen Rücksichten erhöhte Sicherheit geboten erscheint, mit je einem Schutzhorn ausgerüstet, um zu verhindern, daß der Lichtbogen auf dem leicht schmelzbaren Aluminiumseil stehen bleiben kann.

## d) Isolatoren.

Von größter Bedeutung war die Frage der Isolatorenwahl. Für das Bayernwerk kamen nur Hänge-Isolatoren in Frage, da Stütz-Isolatoren aus Porzellan für Freileitungen im allgemeinen nur bis zu einer Betriebsspannung von 60 000 Volt verwendet werden können. Als man im Herbste 1921 die ersten Isolatoren für das Bayernwerk bestellte, lagen nur für den Schlingen-Isolator ausreichende und günstige Erfahrungen vor. Dieser, nach seinem Erfinder, dem amerikanischen Ingenieur Hewlett, allgemein als Hewlett-Isolator bezeichnete Isolator besteht aus einem von zwei sich überkreuzenden Kanälen durchzogenen Porzellankörper. Durch Seilschlingen, die durch diese Kanäle gezogen werden, werden die Isolatoren miteinander verbunden. Dadurch erhält der Hewlett-Isolator eine außerordentlich komplizierte Form und seine Fabrikation ist sehr erschwert. Er erfordert große Baulängen und damit auch große Masthöhen; endlich wird der Leitungsbau durch den Bedarf an Kupferseilschlingen verteuert. Daher war die Isolatorentechnik schon frühzeitig darauf bedacht, den Hewlett-Isolator durch andere Konstruktionen zu ersetzen.

Bild 16. Hewlett-Hänge-Isolator mit Armatur und Schutzhorn.

Die Isolatorenfabriken warfen sich auf die Erzeugung von Kappen-Isolatoren. Der Name dieser Type rührt von der über den Isolatorenkopf geschobenen Kappe her. Als Rotationskörper ließen sich die Kappen-Isolatoren auf einfache Weise herstellen; nur die Lösung der Kittfrage verursachte zunächst Schwierigkeiten.

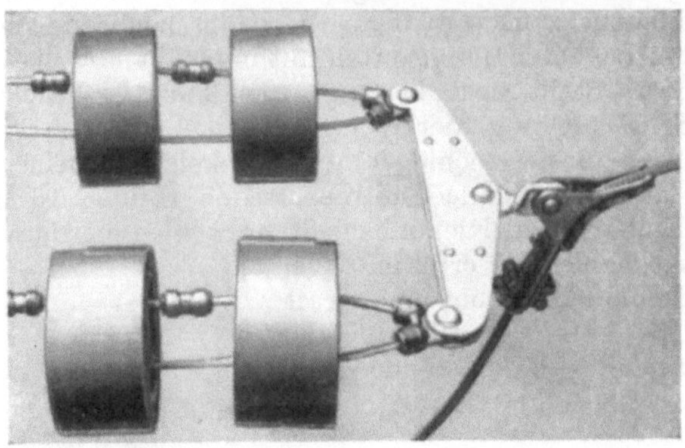

Bild 17. Hewlett-Abspanner mit Armatur und Kupferseil.

Wohl war die Befestigung der gußeisernen Kappe mit dem Isolator einwandfrei, dagegen war dies nicht der Fall bei dem Klöppel, der in den Isolator eingekittet wird. Deshalb hatte sich das Bayernwerk, wie schon bemerkt, bei den ersten Bestellungen für den Hewlett-Isolator entschlossen, ohne aber die weitere Entwicklung der Kappen-Isolatoren aus dem Auge zu verlieren. Tatsächlich gelang es auch im weiteren Verlauf der Porzellanfabrik Hermsdorf-Schomburg Isolatoren G.m.b.H., Hermsdorf (Thüringen), den Kugelkopf-Isolator zu konstruieren (Bild 18), bei dem nur wenig und allein auf Druck beanspruchter Kitt zur Verwendung gelangt, statt dessen neuerdings Ausguß mit flüssigem Blei erfolgt. Bei diesen Isolatoren wird die hartgebrannte Kugel in den vorgebrannten

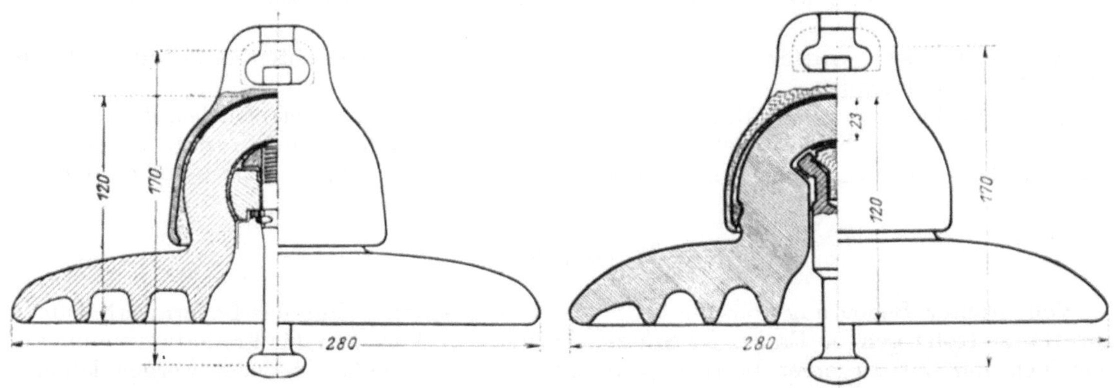


Bild 18. Kugelkopf-Hänge-Isolator.

Bild 19. Kegelkopf-Hänge-Isolator.

Kopf eingebracht und dieser erst sodann gar gebrannt; durch Schwinden des Kopfes wird seine Öffnung verringert und damit der Kugel der Austritt gesperrt. Nach eingehender Prüfung dieser Isolatoren und Erzielung günstiger Versuchsergebnisse hat sich das Bayernwerk entschlossen, auch diese Isolatorentype zu verwenden.

Die Porzellanfabrik Ph. Rosenthal & Co., A.G. in Selb (Bayern), hat die Frage des Kappen-Isolators durch Konstruktion ihres Kegelkopf-Isolators gelöst, bei dem der Bolzen nach einem besonderen, patentierten Verfahren ohne Kitt befestigt wird (Bild 19).

Sowohl Kugelkopf- als auch Kegelkopf-Hänge-Isolatoren bieten ebenso wie andere neuere Konstruktionen den Vorteil geringerer Baulänge; so beträgt die Baulänge für eine 7gliedrige Kappen-Isolatorenkette 1510 mm gegenüber 1930 mm bei Schlingen-Isolatoren (Hewlett-Isolatoren).

Bild 2 läßt die Verwendung der einzelnen Isolator-Typen im Bayernwerknetz ersehen.

## e) Bauführung und Bauleitung.

Mit dem Bau der Fernleitungen wurden erste Firmen betraut. Zu erstellen hatten

| | |
|---|---|
| die Allgemeine Elektricitäts-Gesellschaft | 196 km |
| die Bergmann-Elektricitätswerke | 218 „ |
| die Lech-Elektrizitätswerke (Lahmeyer & Co.) | 71 „ |
| die Siemens-Schuckertwerke | 308 „ |
| die Firma Brown, Boveri & Co. | 157 „ und |
| die Württ. Landeselektrizitäts-A.G. (Leitung Meitingen-Niederstotzingen) | 50 „ |

Bild 20. Aufstellen eines Abspannmastes in Altjoch.

Durch Abschluß eines gleichlautenden Vertrages mit den erstgenannten 5 Firmen, die sich zu diesem Zwecke zu den „Vereinigten Baufirmen des Bayernwerkes" zusammenschlossen und die gemeinsame Haftung für das gute Funktionieren der Gesamtanlage übernahmen, wurde diejenige Einheitlichkeit in der Ausführung gesichert, welche für die Betriebsführung und Unterhaltung erforderlich ist. Die Konstruktion der Fernleitungen

Bild 21. Aufstellen eines Bahnkreuzungsmastes.

Bild 22. Aufstellen eines Tragmastes im Donauried.

und die Wahl des zu verwendenden Materials wurde in gemeinsamen Besprechungen festgelegt und durch weitgehenden Austausch der Erfahrungen die Gewähr geschaffen, daß die zu errichtenden Anlagen dem derzeitigen Stande der hochentwickelten deutschen Technik entsprechen.

Die Oberbauleitung lag in den Händen des Bayernwerkes und erfolgte von München aus, unterstützt von vier Zweigstellen in München, Amberg, Nürnberg und Würzburg, deren Ingenieure und Montageinspektoren die örtliche Bauleitung versahen.

Für das 110 kV-Fernleitungsnetz des Bayernwerkes waren einschließlich der Strecke Meitingen-Niederstotzingen rd. 4100 Maste mit einem Gesamtgewichte von etwa 12850 t erforderlich.

Hierzu kommen noch zwei Abspanngerüste für Drehstromleitungen in Kochel und Karlsfeld mit insgesamt 61 t Gewicht.

Beim Maststellen betrug die Leistung einer Kolonne von 70 bis 80 Mann in der Woche rd. 12 bis 16 Maste; als Höchstleistung wurden in derselben Zeit 22 Maste gestellt. Die Leistungen waren natürlich in weitem Umfange von der Bodenbeschaffenheit abhängig; sie verstehen sich einschließlich Aufladen, Anfuhr der Maste, sowie Ausschachten der Gruben, Aufstellen der Maste sowie Anbringen der Traversen. Ein Beispiel von den Schwierigkeiten, die beim Aufstellen der Maste mitunter zu überwinden waren, zeigen die Bilder 20, 21, 22.

Beim Leitungszug betrug die durchschnittliche Leistung einer Kolonne von 20 bis 24 Mann 6 km in der Woche bei Aluminiumleitungen $3 \times 120$ mm$^2$ und 3 km bei Kupferleitungen $3 \times 120$ mm$^2$ einschließlich Aufhängen der Isolatoren und Verlegen des Erdungsseiles.

Bei der Beurteilung des Unterschiedes in den Leistungen bei Aluminium- und bei Kupferleitung ist das hohe Gewicht der 120 mm$^2$ Kupferseile zu berücksichtigen.

# B. Die Umspannwerke.

## a) Aufgaben.

Zur Aufnahme und Verteilung der Energie sind im Bayernwerknetze, einschließlich des Umspannwerkes des Walchenseewerkes und der noch zu errichtenden Umspannwerke Hof und des Kachlet-Werkes bei Passau 14 Umspannwerke vorgesehen. Die im derzeitigen Ausbau einschließlich des Umspannwerkes in Kochel installierte Transformatoren-Scheinleistung beträgt:

| | |
|---|---|
| für die Haupttransformatoren . | 424900 kVA |
| „ „ Zusatztransformatoren . | 6160 „ |
| „ „ Stationstransformatoren | 3900 „ |

Die Einspeisung der Walchensee-Energie in den Bayernwerksring erfolgt im Umspannwerk Karlsfeld, während die Energie der Mittleren Isar in den Umspannwerken Karlsfeld und Landshut, die Energie des Kachlet-Werkes über ein vom Bayernwerk zu errichtendes Umspannwerk bei Passau und eine neu zu errichtende 110 kV-Leitung eingeleitet wird.

Die Umspannwerke und ihre Einrichtungen dienen:

1. Zur Umspannung von 100 bis 110 kV auf Mittelspannungen oder umgekehrt, je nachdem Energie abgegeben oder aufgenommen wird;
2. zur Schaltung.

Entsprechend diesen Aufgaben der Umspannwerke sind als ihre Hauptorgane die Transformatoren und die Schalter zu bezeichnen.

## b) Transformatoren.

### 1. Leistungs- und Übersetzungsverhältnisse der Transformatoren.

An Transformatoren gelangten im Bayernwerk zwei Leistungstypen zur Verwendung: 6000 kVA-Transformatoren und 16000 kVA-Transformatoren. Nur im Umspannwerk Kochel stehen entsprechend den Generatorleistungen des Walchenseewerkes 20000 kVA Transformatoren.

Die Oberspannung der Transformatoren beträgt 100 bis 110 kV und kann vorübergehend auf 120 kV gesteigert werden. Als Unterspannungen kommen rd. 60, 40, 35, 20, 15 und 10 kV in Frage. Die ohne Anzapfungen ausgeführten Transformatoren sind oberspannungsseitig in Stern mit ausgeführtem Nullpunkt, unterspannungsseitig in Dreieck geschaltet. Sämtliche Transformatoren des Bayernwerkes sind als Kerntransformatoren gebaut und mit Ölkühlung ausgestattet. Der maximale Leerlaufstrom bei normaler Oberspannung beträgt 7% des Vollaststromes, die Kurzschlußspannung 8 bis 10% der normalen, die maximale Sättigung bei normaler Leerlauf-Oberspannung 14000 Gauß, der Wirkungsgrad eines 16000 kVA-Transformators erreichte bei $^2/_3$ der Normallast 98,5%.

Bild 23. 5schenkeliger 16000 kVA-Transformator der Allgemeinen Elektricitäts-Gesellschaft.

Buchstabenerklärung:

*a* 4. und 5. Schenkel.
*b* Joche.
*c* Preßkonstruktion für die vertikalen Bolzen.
*d* Preßplatten.
Horizontale Preßbolzen.
*f* Wicklungsträger.
*g* Hartpapier-Endabstützungen.
*h* Hochvoltspulen.
*i* Sprungwellenringe.
*k* Hartpapierzylinder zwischen Hoch- und innerer Niedervoltwicklung.
*l* Druckfreie Abstützungen.

## 2. Bedingungen für die Abnahmeprüfungen.

Bemerkenswert sind die Spannungsprüfungen, denen die Transformatoren vor Inbetriebnahme unterworfen wurden. Mit Rücksicht auf die Ausdehnung und Größe des Bayernwerkes wurden hier ganz besondere Anforderungen gestellt, um eine große Betriebssicherheit zu erzielen.

Die Hauptspannungsprüfung wurde entsprechend den Normalien eine Minute lang vorgenommen.

Es beträgt:

| Bei einer verketteten Betriebsspannung | Die Prüfspannung |
|---|---|
| bis 20000 V | 3fach verkettete Spannung |
| 21000 „ 60000 „ | 2,5 „ „ „ |
| 61000 „ 110000 „ | 2 „ „ „ |
| über 110000 „ | 220000 Volt |

Bild 24. 6000 kVA-Transformator der Bergmann-Elektricitätswerke.

Die Isolation der Windungen ist so stark gewählt, daß sie zwischen benachbarten Windungen mindestens die Phasenspannung, zwischen benachbarten Windungen am Anfang und Ende der Wicklung aber mindestens die verkettete Spannung aushalten kann.

Die Prüfung erfolgt an Probestücken unter Verhältnissen, daß die zu prüfenden Leiter bei der Versuchsanordnung sowohl hinsichtlich des Leiterabstandes, als auch der Isolation und sonstiger Verhältnisse der ungünstigsten Spulenanordnung innerhalb der fertigen Transformatoren entsprechen. Die Dauer der Spannungsprüfung beträgt 5 Sekunden. Die Prüfspannungen sind in der nachstehenden Zahlentafel aufgeführt:

| Verkettete Spannung | Prüfspannung für die | |
|---|---|---|
| | Gesamtwicklung | verstärkte Wicklung (2% Anfang, 2% Ende) |
| bis 10000 V | 20000 | keine |
| „ 20000 „ | 25000 | keine |
| „ 40000 „ | 30000 | 40000 V |
| „ 60000 „ | 36000 | 60000 „ |
| „ 115000 „ | $\frac{1}{\sqrt{3}} \cdot 115000$ | 115000 „ |

Für die Ausführung des Nullpunktes wird die gleiche Isolation wie für die Phasenspannung verwendet. Der hochspannungsseitig vorhandene Sternpunkt wird in den mit Erdschlußspulen ausgerüsteten Umspannwerken an eine Nullschiene angeschlossen.

## 3. Aufbau der Großtransformatoren.

Neuartig in ihrer Bauweise sind die von der Allgemeinen Elektricitäts-Gesellschaft Berlin gelieferten 16000 kVA-Transformatoren (Bild 23) für die Umspannwerke Landshut und Arzberg. Um dieselben betriebsfertig und mit eingefülltem Öl in die Umspannwerke transportieren zu können, sind diese Transformatoren mit fünfschenkeligem Kern gebaut. Die Außenschenkel haben ungefähr den halben Querschnitt der mittleren Schenkel und stellen die Fortsetzung des Joches dar. Die mittleren 3 Schenkel tragen die Wicklungen. Die auf diese Art erzielte Verringerung des magnetischen Flusses in den Jochen gestattet deren Querschnitt etwa auf die Hälfte zu verkleinern, wodurch sich eine bedeutende Verringerung der Bauhöhe und Anpassung des Transformators an das zulässige Ladeprofil ergibt.

Ein 16000 kVA-Transformator besitzt ein Gewicht von 95 t, ein 6000 kVA-Transformator wiegt 70 t (einschließlich Öl).

## 4. Transformatoren-Transport.

Das Bayernwerk hat sich zum Transport seiner 29 Großtransformatoren zwei besondere Transportwagen, sog. Tiefgangwagen (Bild 25), bei der Maschinenfabrik Augsburg-Nürnberg

Bild 25. Tiefgangwagen mit 16000 kVA-Transformator.

bauen lassen, die eine Tragfähigkeit von je 110 t besitzen. Die Last wird auf 12 Achsen verteilt, von denen je 6 an den Enden des Wagens zu einem Drehgestell zusammengefaßt sind um eine Drehung des Wagens, welcher 26,160 m lang ist, um 90°, auf einer Drehscheibe von 8 m Durchmesser zu ermöglichen. Auf den Drehgestellen ist durch Drehzapfen eine nach unten gekröpfte Tragbrücke gelagert, auf welcher in 800 mm Höhe über Schienenoberkante der Transformator ruht. Jedes der beiden Drehgestelle teilt sich wieder in 2 Drehgestelle zu je 3 Achsen. Die Lieferung der Bayernwerks-Transformatoren erfolgt auf diese Weise betriebsfertig mit eingefülltem Öl; nur die 100000 V-Durchführungs-Isolatoren werden während des Transportes mit Rücksicht auf das Bahnprofil herausgenommen und erst an Ort und Stelle eingesetzt.

In den 11 Umspannwerken sind 8500 m Gleislänge (Normalspur) verlegt. Dem Verkehr der Tiefgangwagen dienen 4 Drehscheiben von je 8 m Durchmesser, dem Werksverkehr 11 Drehscheiben von je 3,50 bzw. 2,5 m Durchmesser und 8 Schiebebühnen. Außerdem wurden eigene Zufahrtsstraßen mit einer Gesamtlänge von 3300 m angelegt.

## c) Ölschalter.

An Ölschaltern wurden 2 Typen eingebaut, die bestimmend waren für die Ausbildung der 100000 V-Schalthäuser, nämlich:

freistehende Ölschalter und
versenkte Ölschalter.

Bild 26a. 1poliger 110 kV-Ölschalter der Allgemeinen Elektricitäts-Gesellschaft.

Buchstabenerklärung:

*a* Löschkammer.
*b* Hauptkontakte.
*c* Feststehende Kontakte für den Schutzwiderstand.
*d* Bewegliche Kontakte für den Schutzwiderstand.
*e* Schutzwiderstand.
*f* Durchführungsstromwandler.
*g* Isolationszylinder für Löschkammer.

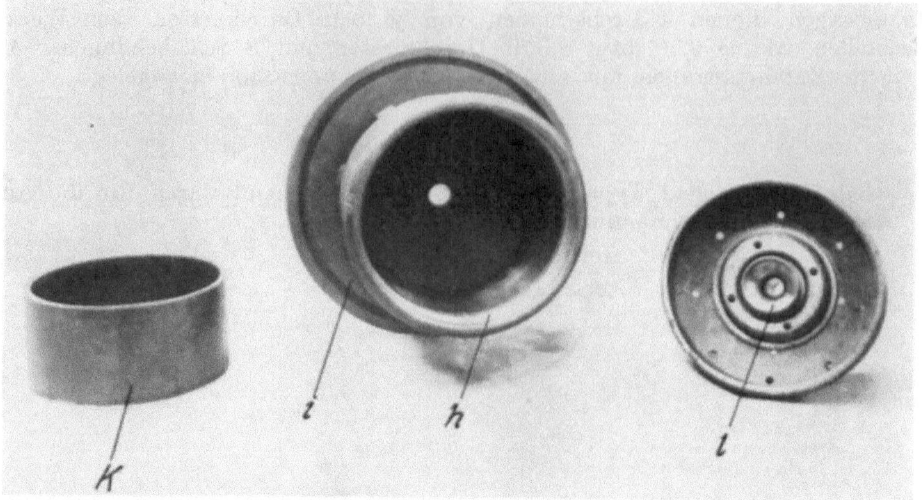


Bild 26 b. Löschkammer für 110 kV-Ölschalter der Allgemeinen Elektricitäts-Gesellschaft.

Buchstabenerklärung:

*h* Metallzylinder. *k* Isolationsauskleidung für *h*
*i* Holzteller mit Loch für Kontaktstift. *l* Geschlitzter Federkontakt.

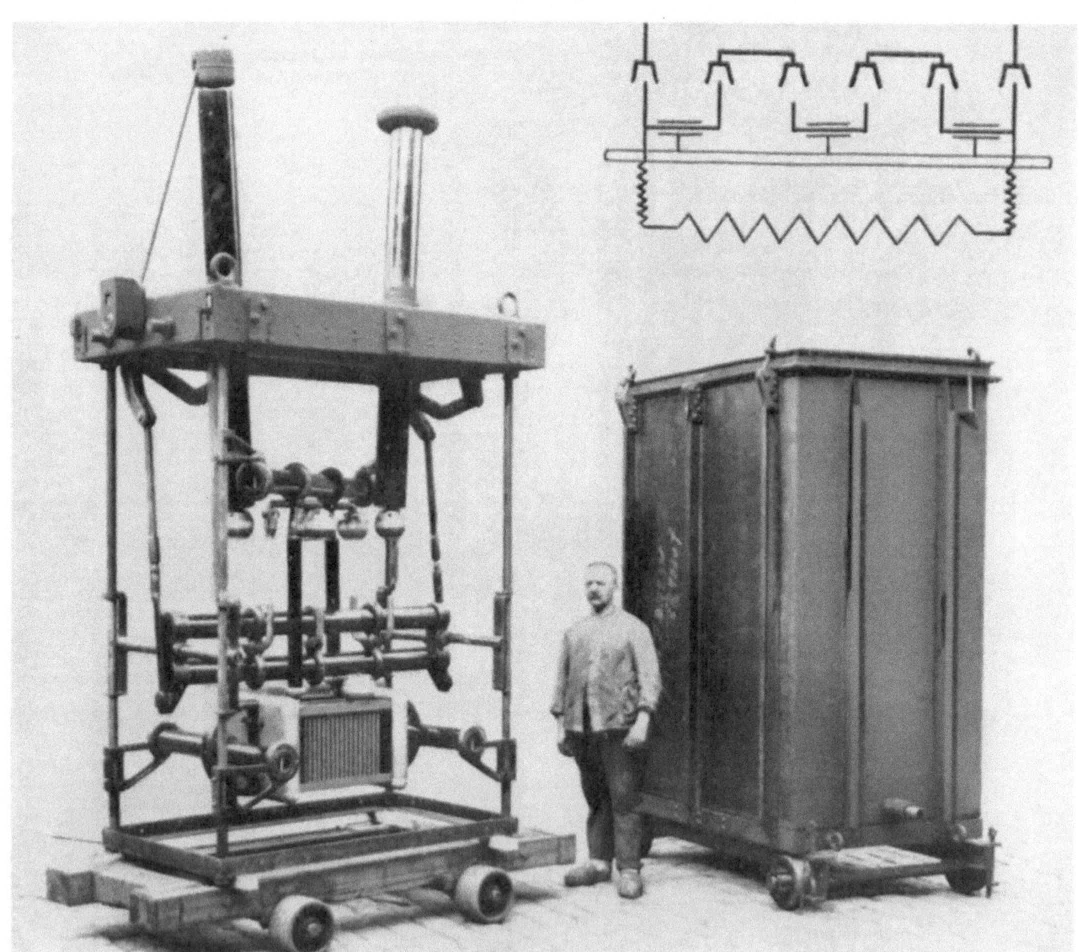

Bild 27. 1poliger 110 kV-Ölschalter der Siemens-Schuckertwerke.

Daraus ergaben sich 2 Typen von Umspannwerken bzw. 100000 V-Schalthäusern, auf deren Einzelheiten weiter unten noch eingegangen wird.

Sämtliche 100000 V-Schalter des Bayernwerkes sind als Dreikesselölschalter ausgebildet uud für eine Kurzschlußleistung von 480000 kVA bemessen. Weiter sind sie mit

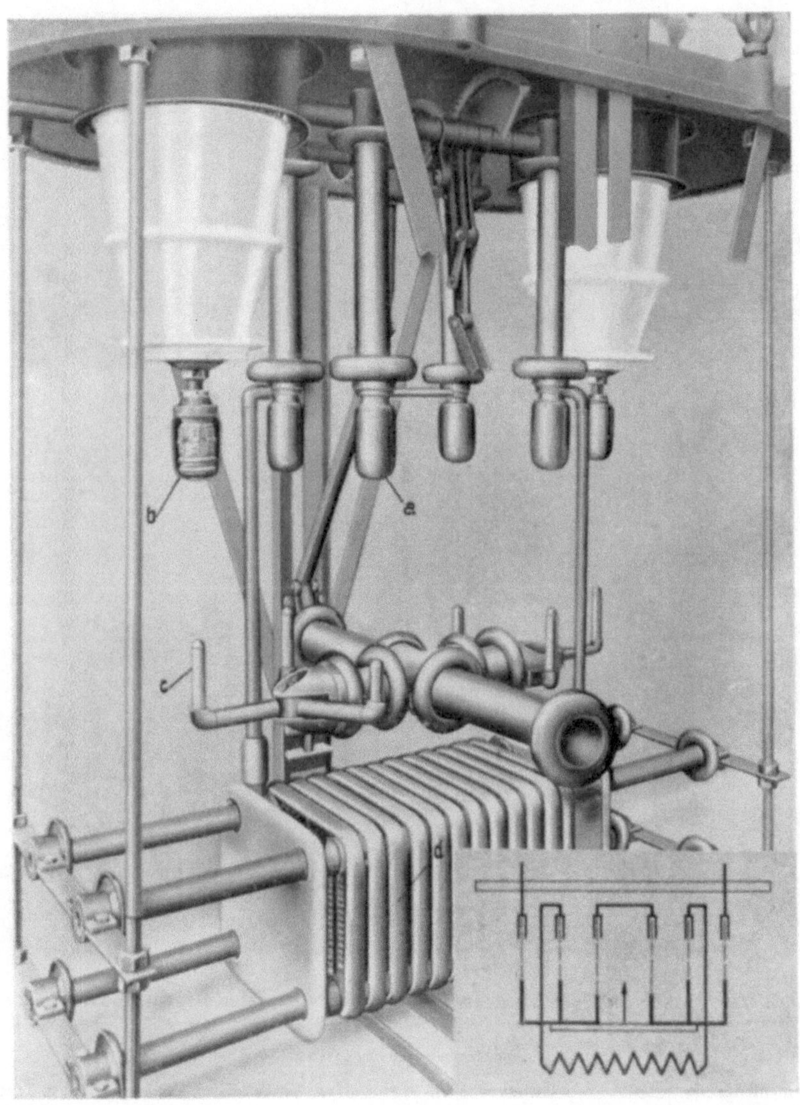


Bild 28. 1poliger 110 kV-Ölschalter der Bergmann Elektricitätswerke.

Buchstabenerklärung:

*a* Zylinderförmiger Kontakt, gekapselt.

*b* Zylinderförmiger Kontakt bei abgenommener Kapsel, gebildet aus im Kreise angeordneten, durch eine Druckfeder zusammengehaltenen Normalkontakten.

*c* Kontaktfinger mit Abreißvorrichtung.

*d* Vorschaltwiderstand.

Schutzwiderständen ausgerüstet, also als Vorstufenschalter gebaut; dadurch werden die beim Einschalten der Leitungen und Transformatoren auftretenden Überspannungen und Überströme auf das für die Sicherheit der Anlage — insbesondere der Transformatoren — zulässige Maß herabgemindert.

Die Bilder 26 mit 29 zeigen, in welcher Weise die verschiedenen Ölschalter-Konstruktionen den Anforderungen: rasches Verlöschen des Ausschaltlichtbogens, geringe Gasentwicklung, sichere Beherrschung des Gasdruckes, Explosionssicherheit (also genügende Abkühlung der Ölgase vor ihrem Austritt an die Oberfläche) gerecht werden.

Bild 29 a. 1 poliger, versenkbarer 110 kV-Ölschalter der Brown, Boveri & Co.

Buchstabenerklärung:

*a* Fundamentring.
*b* Tragring für den Ölkübel.
*c* Stahlgußdeckel, 30 mm stark.
*d* Durchführungsisolator.
*e* Expansionsgefäß.
*f* Stromwandler.
*g* Tragösen.
*h* Hubwagen.

## d) 1. Typen der Umspannwerke.

Wie bereits oben erwähnt, bedingten die 2 Ölschaltertypen auch zwei verschiedene Bauarten der 100000 V-Schalthäuser.

Mit Rücksicht auf etwaige Ölschalter-Explosionen und die damit verbundene Verqualmungsgefahr wurde für die Umspannwerke mit freistehenden Ölschaltern das Kammersystem gewählt, bei welchem jeder Ölschalter bzw. Dreikesselölschalter in einer besonderen, nur von außen zugänglichen Zelle untergebracht ist.

Von der Erwägung ausgehend, daß bei der versenkten Ölschaltertype die Gefahr der Raumverqualmung nicht besteht, entschloß man sich für die damit auszurüstenden Umspannwerke von dem Kammersystem abzugehen und das Schalthaus als Halle auszubilden.

## 2. Gesamtanordnung.

Für den Aufbau der Umspannwerke und zwar für beide Typen, war generell die Beachtung folgender Gesichtspunkte maßgebend:

Räumliche Trennung von Hochvolt - Schalthaus, Transformatoren- und Niedervolt-Schalthaus,

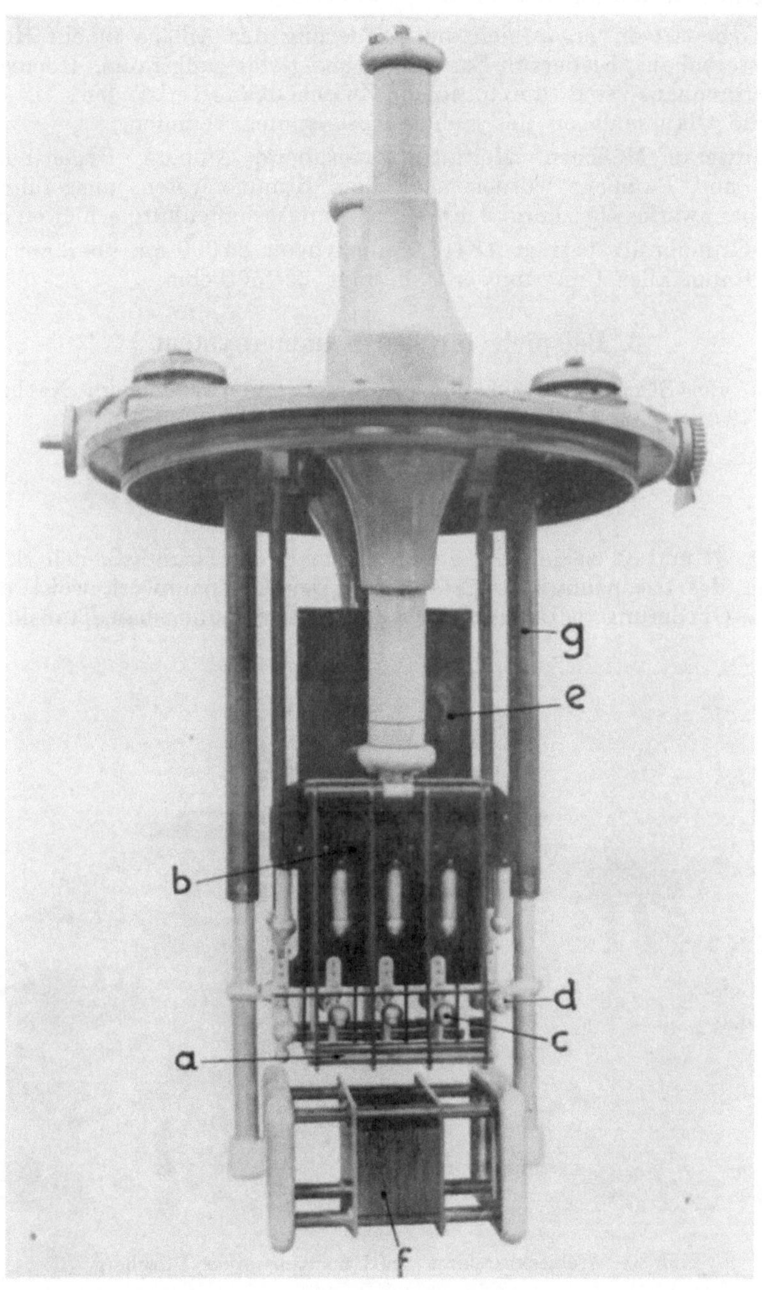


Bild 29 b. Schaltmechanismus des 110 kV-Ölschalters der Brown, Boveri & Co.

Buchstabenerklärung:

*a* Beweglicher Kontaktteil.
*b* Feststehender Kontaktteil.
*c, d* Federnde Kugelkontakte.
*e* Isolationswand.
*f* Schutzwiderstand.
*g* Isolationsträger,

Aufstellung der Transformatoren und Ölschalter im Erdgeschoß,
bequeme Zugänglichkeit aller Teile,
leichte Ausfahrbarkeit von Schaltern und Transformatoren,
Hintanhaltung einer Verqualmung im Falle von Transformatoren- und Ölschalterexplosionen,
rationelle Ölwirtschaft,
ungezwungene Einführung der 110000 V-Leitungen.

Aus diesen Grundsätzen ergab sich die Gliederung der Anlage in ein Hochvolt-Schalthaus, Transformatorenhaus, Niedervolt-Schalthaus und Betätigungsraum. Hochvolt-Schalthaus und Transformatorenhaus sind durch einen Zwischenbau verbunden, in dem sich ein Transportgleis, die Ölkühlanlagen und Schutzdrosselspulen befinden.

Die Umspannwerke München, Meitingen, Nürnberg, Amberg, Regensburg, Landshut, Kochel, Arzberg und Bamberg wurden nach dem Kammersystem ausgeführt; die unterfränkischen Umspannwerke Würzburg, Schweinfurt und Aschaffenburg erhielten Schalterhallen.

Der gesamte Grundbesitz beträgt 184000 qm, wovon 24000 qm überbaut sind. Der gesamte umbaute Raum aller Umspannwerke beträgt 290500 cbm.

## 3. Beispiele für das Kammersystem.

Als Beispiele von Stationen nach dem Kammersystem sollen im Nachstehenden die Umspannwerke Nürnberg und Landshut beschrieben werden.

### I. Umspannwerk Nürnberg.

#### α) Aufbau des Umspannwerkes.

Die Bilder 30, 31 und 32 zeigen die äußere Ansicht, den Grundriß, den Schnitt und das Schaltungsschema des Umspannwerkes Nürnberg. Das Umspannwerk weist die bereits erwähnte räumliche Gliederung in Hochvolt-Schalthaus, Verbindungsbau, Transformatorenhaus,

Bild 30. Architekturskizze des Umspannwerkes Nürnberg.

Niedervolt-Schalthaus und Betätigungsraum auf. Außerdem ist noch ein Maschinenraum ür die Blindleistungsmaschinen vorhanden. Im Erdgeschoß der Schalthäuser sind zu beiden Seiten der unterkellerten Bedienungsgänge die Kammern für die Ölschalter der Transformatoren und Leitungen, die Kupplungsschalter und die Erdschlußspule angeordnet. Diese Kammern sind nach außen durch große, sich leicht öffnende Türen abgeschlossen und nur von außen zugänglich.

Das einstöckige Transformatorenhaus enthält 7 Kammern, von denen jede so bemessen ist, daß darin ein Transformator von 16000 kVA Leistung nebst einem Zusatztransformator von 2000 kVA für die Spannungsregelung mit Windungsgruppenschalter und Anzapfungen von $+10$, $+5$, $\pm 0$, $-5$, $-10\,^0/_0$ Aufstellung finden kann.

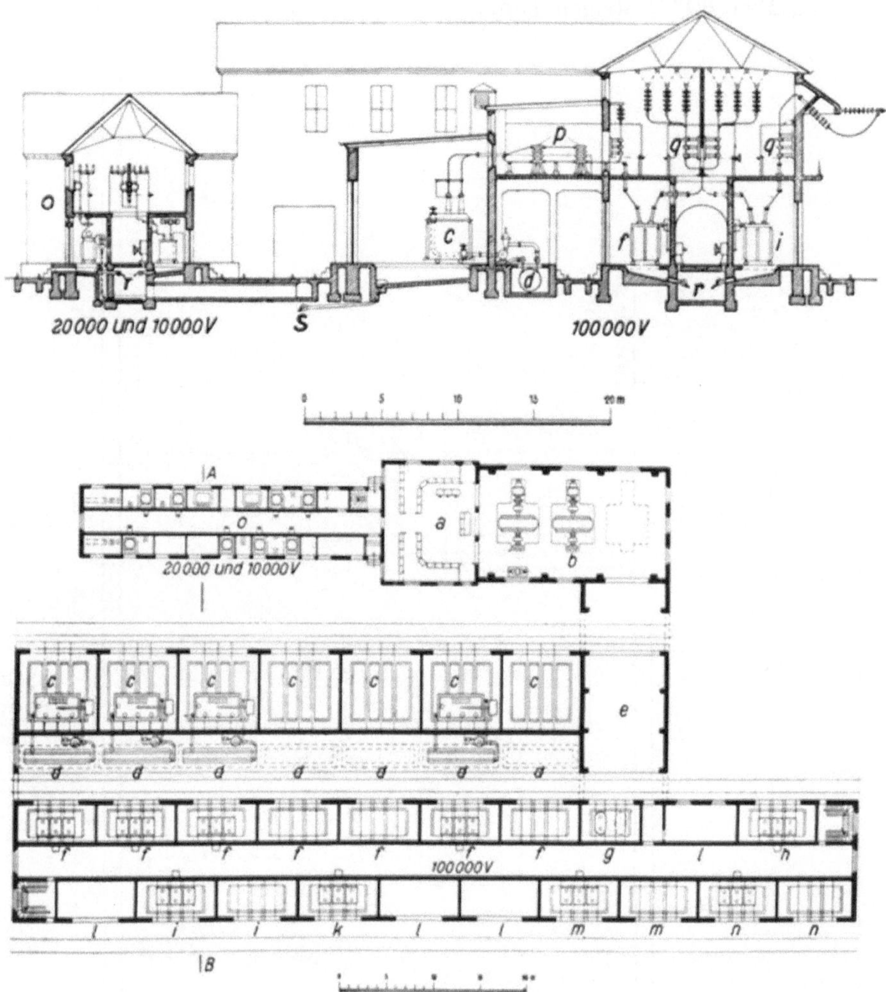


Bild 31. Schnitt und Grundriß des Umspannwerkes Nürnberg.

Buchstabenerklärung.

*a* Betätigungsraum.
*b* Blindleistungsmaschinen, 2×8000 kVA.
*c* Transformatorenzellen.
*d* Kühlanlage für Transformatoren.
*e* Werkstatt.
Ölschalter für Transformatoren.
*g* Erdschlußspule.
*h* Sammelschienenkuppelschalter.
*l* Reserveräume.
*i* Freileitungsschalter Richtung Bamberg.
*k* „ „ Würzburg.
*m* „ „ Meitingen.
*n* Freileitungsschalter Richtung Amberg.
*o* Unterspannungshaus.
*p* Drosselspulen für 110 kV.
*q* Trennschalter für 110 kV.
*r* Ölsammelrohre für Schalteröl.
*s* Ölsammelrohr für Transformatorenöl.

## β) Transformator-Zellen.

Bild 33 gewährt Einblick in eine 16000 kVA-Transformatorzelle. Transformatoren und Ölschalter stehen über Ölgruben, die einen Abfluß zu den Ölrohrleitungen haben, welche im Kabelkanal unter dem Bedienungsgang derart verlegt sind, daß sie vom höchsten Punkt in Gebäudemitte nach beiden Seiten abfallen. Getrennte Sammelgruben nehmen das im Falle einer Explosion abfließende Öl der Ölschalter bzw. der Transformatoren auf.

## γ) Kühlanlage.

Die Kühlung der Transformatoren erfolgt durch Öl, wobei das Öl einen Kreislauf Transformator—Ölpumpe—Kühlschlangen—Transformator durchläuft. Das Kühlwasser umspült im Gegenstromprinzip in Betonbecken die Kühlschlangen, wodurch das Öl rückgekühlt wird. Für jeden 16000 kVA-Transformator ist eine Ölpumpe vorgesehen, welche in der Minute rd. 3000 Liter Öl fördert; da ein 16000 kVA-Transformator rd. 30 t Öl faßt, spielt sich der gesamte Ölumlauf eines Transformators in 10 Minuten ab, bzw. es erfolgt innerhalb einer Stunde ein 6maliger Ölwechsel, wodurch die Öltemperatur des vollbelasteten Transformators nicht über 60° C steigen kann.

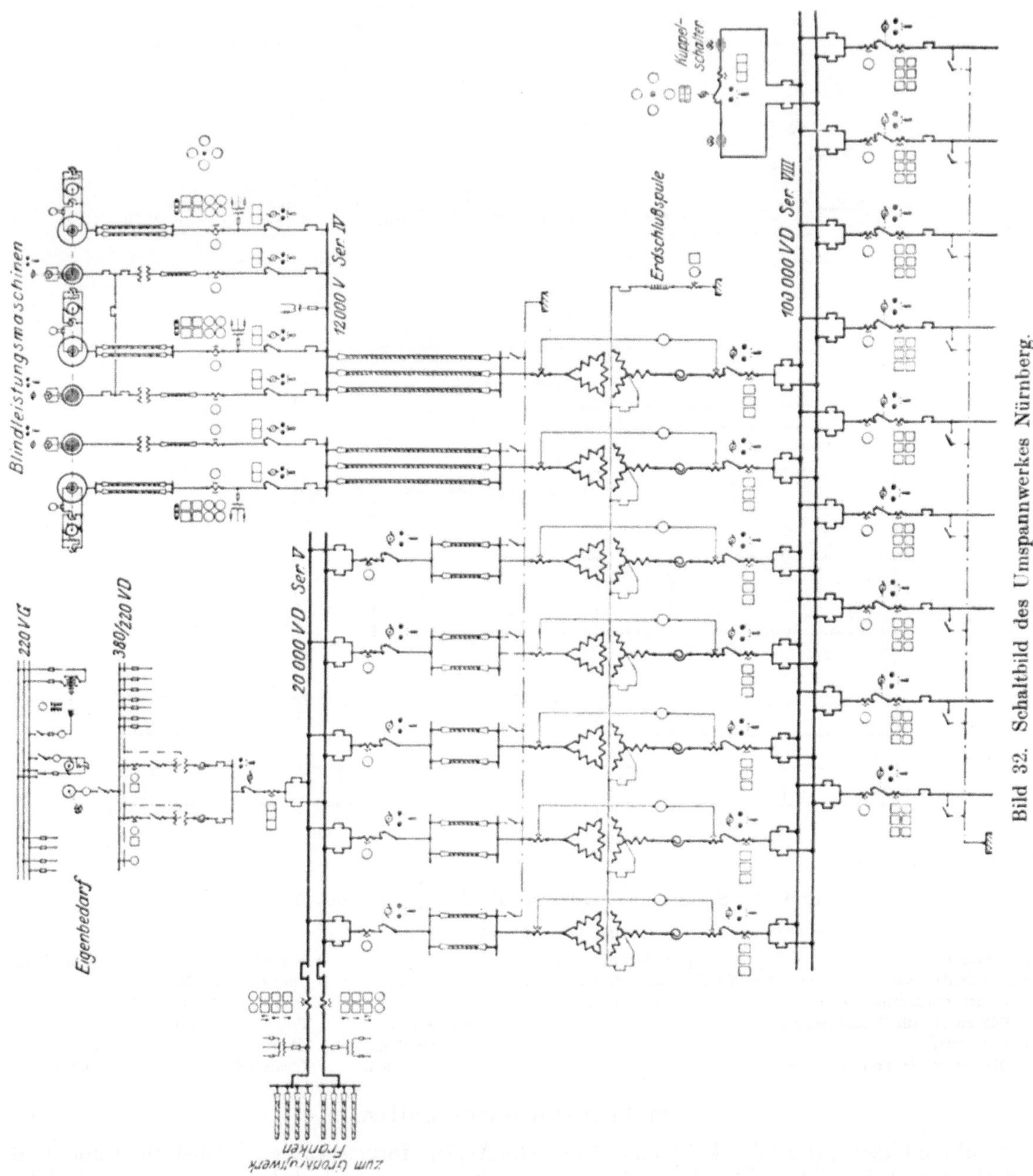


Bild 32. Schaltbild des Umspannwerkes Nürnberg.

Bild 34 zeigt die Ölkühlanlage, welche nebst Anschlußgleis in dem Schalthaus und Transformatorenhaus verbindenden Zwischenbau untergebracht ist. Eine Vorstellung von der Leistung einer solchen Anlage gibt die Tatsache, daß z. B. bei einem 20000 kVA-Transformator die abzuführenden Wärmemengen so groß sind, daß sie dazu ausreichen würden ungefähr 70 Zimmer von je 60 cbm Rauminhalt bei einer Außentemperatur von minus 10° auf plus 20° zu erwärmen. Der Kühlwasserbedarf der einzelnen Umspannwerke schwankt je nach der Zahl der vorhandenen Transformatoren zwischen 5 und 35 cbm/sec bzw. zwischen 430 und 3000 cbm im Tag. Die Entnahme solcher Wassermengen aus einem städtischen Wasserleitungsnetz wäre unmöglich, selbst wenn die örtliche Lage es zugelassen hätte, denn es würde z. B. der tägliche Kühlwasserbedarf des Umspannwerkes Nürnberg in Höhe von 3000 cbm dem Tagesverbrauch an Nutzwasser für 25000 Einwohner gleichkommen, wenn man auf den Kopf der Bevölkerung einen täglichen Wasserverbrauch von 120 Liter rechnet. Das Bayernwerk war deshalb gezwungen, den Kühlwasserbedarf der Umspannwerke durch eigene Wasserversorgungsanlagen zu decken, wozu im ganzen 4000 m Rohrleitungen von 100 bis 150 mm lichte Weite verlegt wurden. Aus 17 Brunnen fördern 26 Kühlwasserzentrifugalpumpen mit einer stündlichen Förderleistung von 1000 cbm das Wasser in die Kühlbecken. In den Umspannwerken, die keinen Anschluß an städtische Wasserleitungsnetze besitzen, wurden eigene Trinkwasserversorgungsanlagen mit 3 Brunnen, 6 Pumpen und 2000 m einzölligen Rohrleitungen errichtet.

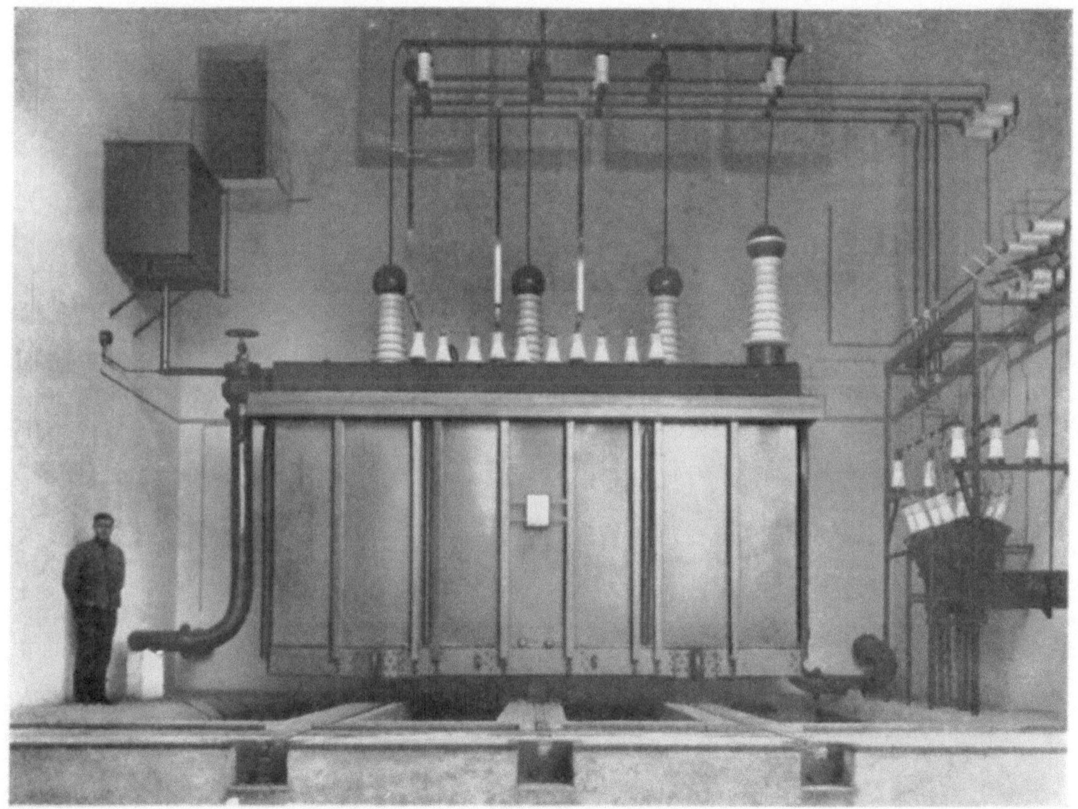

Bild 33. 16000 kVA-Transformator in der Zelle.

### δ) Sammelschienen- und Schalterraum.

Durch den Bau des Umspannwerkes nach dem Kammersystem wurde eine zweigeschossige Anordnung des Schalthauses bedingt, in dessen Obergeschoß sich die Leitungseinführungen, Trennschalter, Doppelsammelschienen und Drosselspulen befinden. Die Sammelschienen selbst bestehen in den SSW-Stationen aus Eisenröhren mit Kupferüberzug, die mit fünfgliedrigen Hängeketten an der Dachkonstruktion aufgehängt sind. In den AEG- und BEW-Stationen bilden Kupfer- und Messingrohre, die bei den BEW-Stationen auf Stützern liegen, die Sammelschiene, während in den BBC-Stationen ein sowohl an Hängeketten aufgehängtes, als auch seitwärts abgespanntes Kupferseil die Sammelschiene darstellt.

In gleicher Weise ist in den betreffenden Stationen die Nullschiene ausgeführt, an welcher der Nullpunkt der hochspannungsseitig in Stern geschalteten Transformatoren, sowie die Erdschlußspulen angeschlossen sind.

Die Trennschalter haben Handbetätigung und sind an einem Eisengerüst gruppenweise und durch eine dünne Wand voneinander getrennt montiert. Die 110 kV-Einführungen sind unter 45° geneigt, BBC- und AEG-Ausführungen sind mit Öl, BEW-Ausführung mit Masse gefüllt. Die 110 kV-Einführungen der SSW bestehen aus Repelit mit Porzellanüberwurf.

### ε) Betätigungsraum.

Die Betätigung der Ölschalter geschieht auf normale Weise durch Fernsteuerungen vom Betätigungsraum aus, welcher sämtliche zur Überwachung und Bedienung der Anlage erforderlichen Apparate und Instrumente enthält, die möglichst übersichtlich auf Schalttafeln angeordnet sind. Auch die Schaltpulte für die Bedienung der Blindleistungsmaschinen und für die Hochspannungsleistungsmessung sind hier untergebracht.

Im Notfalle können die Ölschalter auch vom Bedienungsgang aus durch Hand ein- oder ausgelegt werden. Der Bedienungsgang ist nach oben offen, so daß von unten die Trennschalter und Sammelschienen übersehen werden können.

Bild 34. Ölkühlanlage in Nürnberg.

### ζ) Signal- und Gefahrmeldeanlage.

Besonderes Augenmerk wurde auf eine gute und übersichtliche Gefahrmeldeanlage gelegt.

Auf der Hauptschalttafel sind die Sammelschienensysteme durch ein Blindschema angedeutet, in welches für jeden Trennschalter eine Signallampe montiert ist. Beim Einlegen eines Trennschalters leuchtet die zugehörige Signallampe auf, woraus auch ersichtlich wird, welches Sammelschienensystem eingeschaltet ist.

Die über den Steuerschaltern der Ölschalter angebrachten grünen und roten Signallampen zeigen die Ein- bzw. Ausschaltung der Ölschalter an.

Ferner ist in jeder Transformatoren- und Ölschalterkammer je eine Signallampe vorgesehen, die nur dann aufleuchtet, wenn sämtliche Trennschalter geöffnet sind und somit die betreffende Kammer spannungslos ist.

Auf der Hauptschalttafel ist für die Transformatoren noch eine selbsttätige Gefahr- und Temperaturmeldeanlage vorgesehen (Bild 41).

Vermittels einer für Ruhestrom ausgeführten Schaltung wird bei unzulässiger Erwärmung des Transformators die Gefahr durch Licht- und akustisches Signal angezeigt. Ein in der Gefahrmeldeanlage auftretender Drahtbruch wird durch ein besonderes Drahtbruchsignal gekennzeichnet.

Bild 35. Kühlwasserpumpenhaus, Umspannwerk Nürnberg.

Bild 36. Sammelschienenraum, Umspannwerk Nürnberg.

Bild 37. Trennschalterzelle im 110 kV-Haus Nürnberg.

Bild 38. Drosselspulenraum, Umspannwerk Nürnberg.

Bild 39. Betätigungsraum, Umspannwerk Nürnberg.

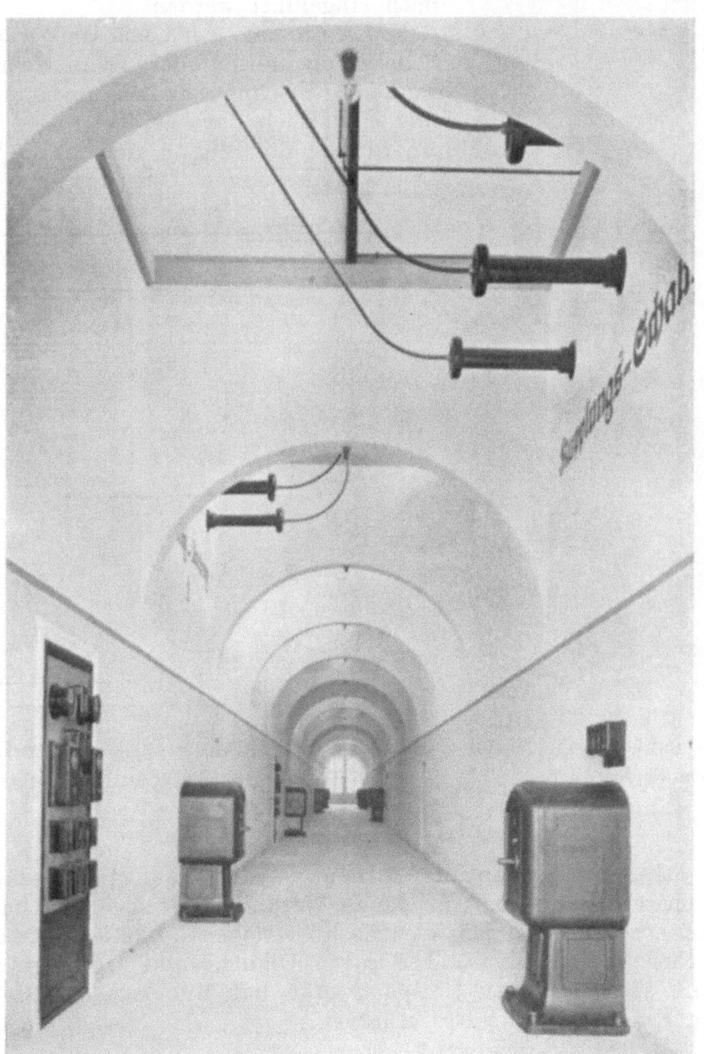

Bild 40. Bedienungsgang im 100 kV-Schalthaus des Umspannwerkes Nürnberg.

### η) Hochspannungs-Leistungsmessung.

Der Zweck der Hochspannungs-Leistungsmessung ist die Lastverteilung, Spannungshaltung, den Blindstromfluß und cos $\varphi$ im 100 kV-Netz, speziell im Leitungsring, einer genauen Kontrolle zugänglich zu machen.

Bild 42 zeigt das Schema der SSW-Ausführung. Das Neuartige dieser Kondensator-Leistungsmessung besteht darin, daß als Spannungskomponente für die Blindleistungsmessung bzw. Wirkleistungsmessung der Ladestrom zwischen den Belagen von Kondensatordurchführungen und Erde gemessen wird, welcher der Spannung direkt proportional ist. Unter der Annahme, daß alle 3 Phasen gleichmäßig belastet sind, ist nur in einer Phase ein Stromwandler eingebaut, welcher die Stromkomponente liefert. Die Genauigkeit der Messung entspricht den Betriebsbedürfnissen.

Da für die Hochspannungs-Leistungsmessung normale Durchführungen benützt werden können, ergeben sich folgende Vorteile: bedeutende Kosten- und Raumersparnis gegenüber einer 100 kV-Messung mit Normalwandlern, erhöhte Betriebssicherheit durch Ausschluß der Explosionsgefahr; außerdem kann die Hochspannungs-Leistungsmessung durch Einbau entsprechender Durchführungen jederzeit nachträglich noch eingeführt werden.

Mit Ausnahme der Umspannwerke Aschaffenburg, Schweinfurt und Bamberg ist in sämtlichen Umspannwerken Hochspannungs-Leistungsmessung vorgesehen und einheitlich durchgeführt. Bin Beispiel für die Anordnung gibt Bild 43, welches die Hochspannungs-Leistungsmessung im Umspannwerk Würzburg zeigt.

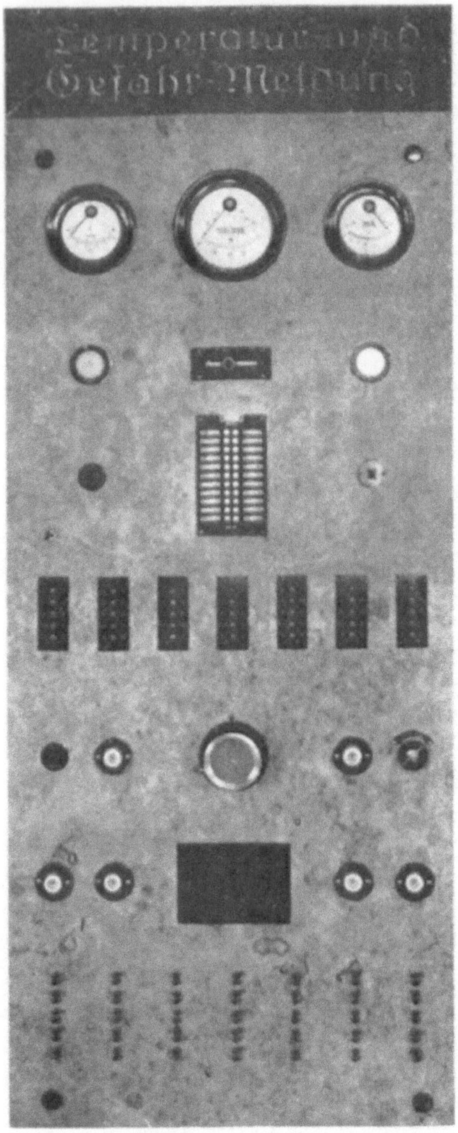

Bild 41. Temperatur- und Gefahrmeldetafel im Umspannwerk Nürnberg.

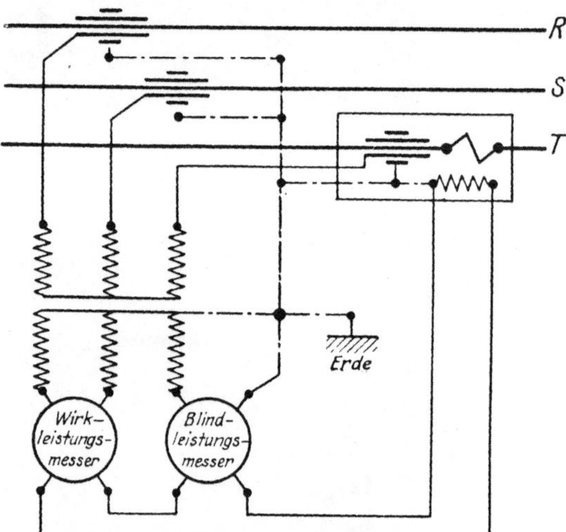


Bild 42. Schaltbild der Hochspannungs-Leistungsmessung (SSW Ausführung).

### ϑ) Werkstätte.

Senkrecht zum Schalt- und Transformatorhaus ist die Werkstättenhalle angeordnet Sie ist als Zentralreparaturwerkstätte für die in Nordbayern gelegenen Umspannwerke gedacht und dementsprechend mit einem elektrisch betriebenen Laufkran von 60 t Tragkraft und den erforderlichen Werkzeugmaschinen sowie Ölkoch- und Ölreinigungsvorrichtungen ausgerüstet. Für die südbayerischen Umspannwerke hat München (Karlsfeld) eine gleichartig durchgebildete Reparaturwerkstätte erhalten.

### ι) Verbindungsleitungen zwischen Hoch- und Niedervolthaus.

Von der Unterspannungsseite der Transformatoren erfolgt in Nürnberg die Fortführung der Energie mittels in Betonkanälen verlegter Kabel zum Niedervolthaus. In Umspannwerken, bei welchen die Niederspannung höher als 35 bis 40 kV ist, werden statt der Kabel blanke Freileitungen benützt, die zwischen Transformatoren- und Niedervolthaus gespannt werden.

### ϰ) Niedervolthaus.

Das Niedervolthaus ist nach denselben Grundsätzen wie das Hochvolthaus durchgebildet. Die Unterspannung in Nürnberg beträgt 20 kV. Es wurden dementsprechend für die Ölschalter Einkesselschalter der Serie V gewählt, die jedoch mit Rücksicht auf die Höhe des zu beherrschenden Kurzschlußstromes in druckfester Bauart ausgeführt wurden. Bezüglich der weiteren Ausbildung der Schaltanlage sei auf das Schaltungsschema Bild 32 verwiesen.

Bild 43. Hochspannungs-Leistungsmessung im Umspannwerk Würzburg.

### λ) Blindleistungsmaschinen.

Der Maschinenraum für die Blindleistungsmaschinen, der von einem 25 t-Kran bestrichen wird, ist für 3 Aggregate von je 8000 kVA bemessen. Vorläufig wurden 2 Dreiphasen-Synchronmaschinen mit je 8000 kVA Leistung aufgestellt, die über einen 16000 kVA-Transformator an die 110 kV-Sammelschienen angeschlossen sind. Sie wurden so bemessen, daß sie die angegebene Leistung von je 8000 kVA dauernd bei Übererregung und $\cos\varphi = 0$ abgeben können, wobei die Klemmenspannung 12000 Volt beträgt und etwa 50% dieser Leistung bei Untererregung und $\cos\varphi = 0$, wobei die Klemmenspannung 10200 Volt ist.

Die Blindleistungsmaschinen wurden in der für Synchronmotoren derartiger Leistung üblichen Bauart hergestellt und mit den Anwurfsmotoren durch besonders kräftig ausgebildete Kuppelflanschen verbunden, um sie im Bedarfsfalle zum Antrieb von Umformern, sei es für Gleichstrom oder einphasigen Wechselstrom, verwenden zu können. Die minutliche Umdrehungszahl ist 750. Der Läufer besteht aus 5 geschmiedeten Platten, die nebeneinander auf die Welle aufgeschrumpft sind. Die Pole haben schwalbenschwanzartige Ansätze, die in gleichartigen Nuten der Platten eingreifen. Das Gewicht des rotierenden Teiles beträgt 25 t. Die in halbgeschlossenen Nuten liegende Ständerwicklung ist als Spulenwicklung ausgeführt; der in den Nuten befindliche Teil der Ständerwicklung besitzt reine Glimmerisolation, so daß höchste Temperaturen ausgehalten werden können. Die Wicklungsköpfe sind kurzschlußsicher versteift.

Bei den Abnahmeprüfungen der Maschinen wurden neben der üblichen Kurzschlußprüfung auch Versuche über die Stabilität der Blindleistungsmaschinen und die Wirksamkeit ihrer Dämpferwicklung vorgenommen. Hierbei ergab sich, daß bei konstantem Ständerstrom entsprechend 8000 kVA im übererregten Zustand die Maschine bei $\cos\varphi = 0$ und 3000 Volt, d. i. 30% der Normalspannung, noch im Tritt blieb und bei einer Erregung entsprechend $\cos\varphi = 1$ erst bei 1680 Volt Ständerspannung, d. i. rd. 15% der Normalspannung aus dem Tritt fiel.

Die starke kapazitive und induktive Belastung bedingt einen außerordentlich großen Regulierbereich des Erregerstromes, der praktisch zwischen Remanenz- und Maximalstrom im Interesse der Stabilität der Blindleistungsmaschine feinstufig geregelt werden muß. Diesem Zwecke dient die sich selbst erregende Gleichstrom-Spaltpol-Erregermaschine, System Ossanna, mit die Halbpole flankierenden Haupt- und Hilfsbürsten, die dadurch gekennzeichnet ist, daß der erste Halbpol durch eine der Ankerwicklung entgegenwirkende Reihewicklung einen annähernd konstanten oder wenig veränderlichen Fluß erhält, um von den Bürsten, die diesen Halbpol einschließen, eine für die Speisung der Nebenschlußwicklung geeignete Spannung zu gewinnen, während der Fluß des zugehörigen zweiten Halbpoles durch Regelung des Erregerstromes in weiten Grenzen geändert wird. Der erste Halbpol

Bild 44. Blindleistungsmaschinen für je 8000 kVA. Umspannwerk Nürnberg.

erzeugt also einen konstanten oder nur mäßig veränderlichen Fluß, der zweite Halbpol dagegen einen zwischen einem positiven und negativen Maximum veränderlichen Fluß; dabei wird die Spaltung der Pole nicht tatsächlich vorgenommen, vielmehr wird dieselbe Wirkung durch voneinander unabhängige Wicklungen erreicht. Die Spannung ist also von einem Negativwert von minus 30 Volt bis zu dem positiven Höchstwert von plus 220 V regelbar. Die geschilderte Spannungs- und Feldänderung wird durch Einstellung eines Nebenschlußwiderstandes (Reversierregler) erzielt. Eine fremde Stromquelle für die Lieferung des Nebenschlußstromes wird nicht benötigt.

Die Leistung einer Erregermaschine beträgt bei Dauerbelastung und 220 V Spannung 47 kW und bei einer Überlastung bis zu 30 Minuten 57 kW. Die Drehzahl beträgt 750 Umdrehungen/Minute.

Vom Selbstanlauf der Blindleistungsmaschine wurde abgesehen, um die dadurch auftretenden Stromstöße auf das Netz und damit Spannungsschwankungen zu vermeiden. Die Maschinen werden durch ausrückbare asynchrone Anwurfmotoren von je 250 kW Leistung auf Drehzahl gebracht. Mittels Wasser-Regulieranlasser wird genaue Einstellung während des Parallelschaltens erreicht.

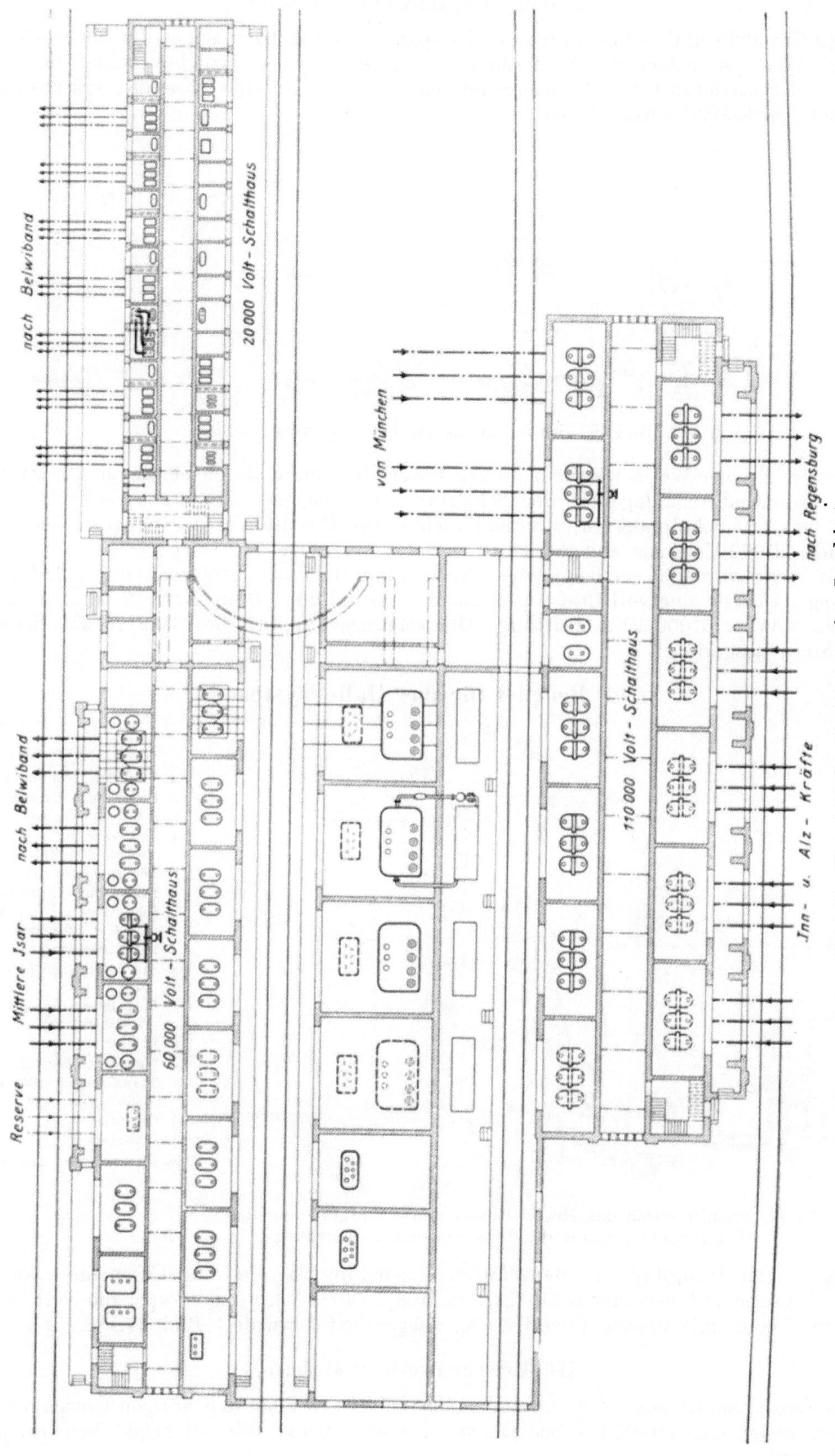


Bild 45. Grundriß des Umspannwerkes Landshut.

### II. Das Umspannwerk Landshut.

Den Grundriß und Schnitt durch das Umspannwerk Landshut zeigen die Bilder 45 und 46. Das Werk ist neben der Versorgung von Niederbayern dazu bestimmt, die von den Anlagen der Mittleren Isar mit einer Spannung von 60 kV gelieferte Energie, später evtl. auch Inn- und Alzkräfte, aufzunehmen.

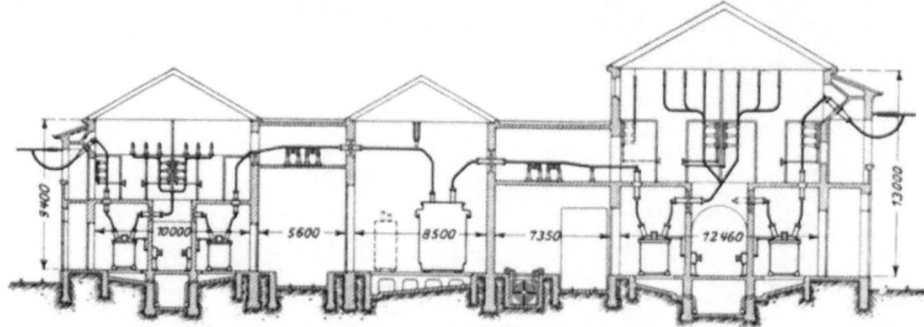


Bild 46. Schnitt durch das Umspannwerk Landshut.

Der in gleicher Weise wie beim Umspannwerk Nürnberg durchgebildeten 110 kV-Schalt- und Transformatorenanlage ist der Schaltraum vorgelagert. An diesen schließt sich links das 60000 Volt-Schalthaus an, während rechts das für die Versorgung von Niederbayern dienende 20000 Volthaus angeordnet ist.

Das Werk wurde in seinem jetzigen Ausbau mit 3 Transformatoren von je 16000 kVA-Leistung, Übersetzungsverhältnis 106,2/56,8 V, Schaltung: Stern/Dreieck und 2 Transformatoren von je 6000 kVA Leistung, Übersetzungsverhältnis 60/21/22/23 kV, Schaltung: Stern/Stern ausgerüstet.

## 4. Beispiel für das Hallensystem.

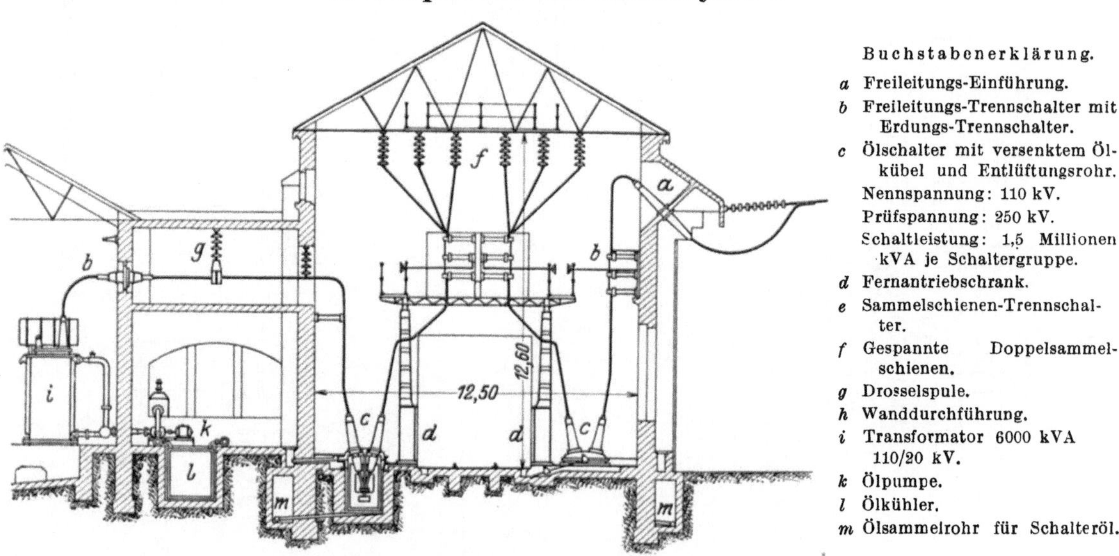


Bild 47. Schnitt durch das Hochvolthaus, den Kühlraum und das Transformatorenhaus des Umspannwerkes Würzburg.

Als zweiter Haupttyp der Bayernwerk-Umspannwerke sind die Umspannwerke zu erwähnen, welche mit versenkten Ölschaltern ausgestattet sind, eine Type, die vom Bayernwerk im Verein mit Brown, Boveri & Co. ausgearbeitet wurde. (Bild 47.)

### III. Umspannwerk Würzburg.

Die Gesamtanordnung ist grundsätzlich die gleiche wie bei den übrigen Umspannwerken, dagegen bietet das 100000 V-Schalthaus, dessen Inneres Bild 48 zeigt, bemerkenswerte Einzelheiten.

In dem rd. 45 m langen, hallenartigen Bau ohne Zwischendecken und ohne Schalterkammern befinden sich nach endgültigem Ausbau insgesamt sieben 110 kV-Ölschaltergruppen, die zu beiden Seiten des Bedienungsganges angeordnet sind. Jeder einpolige Ölschalter ist in druckfester Ausführung — mit geschweißten Schalterdeckeln aus Stahlguß —

Bild 48. Blick in die 110 kV-Schalthalle des Umspannwerkes Würzburg.

als komplettes Ganzes in einer Betongrube versenkt und dort mit einem einbetonierten Fundamentring verschraubt. Die zu einer Schaltergruppe gehörigen 3 Ölschaltergruben liegen in einem gemeinsamen Fundamentklotz. Der gesamte Schaltermechanismus einschließlich Schutzwiderständen ist an den Schalterdeckeln hängend befestigt. Die sich bei Schaltvorgängen im oberen Teil des Ölschalters sammelnden Ölgase werden bei entstehendem Überdruck durch ins Freie führende Abzugsrohre abgeleitet; durch leichte Rückschlagklappen wird der Eintritt von Feuchtigkeit in die Abzugsrohre und damit in die Ölschalter verhindert. Die Kupplung von je 3 einpoligen Schaltern zwischen einer Schaltgruppe mit gemeinsamem, ferngesteuertem, elektrischem Antrieb erfolgt in der üblichen Weise.

Notwendig werdende Schalterrevisionen und kleinere Reparaturen können unter Benutzung eines im Mittelgang fahrbaren Hebe- und Transportgerätes an Ort und Stelle ausgeführt werden; das Ölschalterinnere wird mit dem Deckel aus dem in den Fußboden eingebauten Ölkübel herausgehoben. Sind größere Reparaturen erforderlich, so wird der Ölschalter in dem Hubwagen hängend, der Werkstätte zugeführt. Das Füllen und Leeren der Ölkübel, sowie das Reinigen und Auskochen des Öles geschieht durch eine besondere fahrbare Einrichtung, die ähnlich wie der Ölschalter-Hubwagen im Mittelgang läuft und unmittelbar vor den in Frage stehenden Ölschalter gefahren werden kann.

Die Trennschalter der beiden Ölschalterreihen sind auf einer leichten Eisenkonstruktion über den Laufstegen angeordnet und die einzelnen Abzweige durch ein weitmaschiges Streckmetallgitter voneinander getrennt. Die Bedienung erfolgt von Hand von den Laufstegen aus. Die Trenn- und Erdungsschalter der Freileitungen sind ebenfalls von einem dieser Stege aus zugänglich und bedienbar.

Die Gittermaste der Tragkonstruktion für die Trennschalter und Laufstege sind in ihrem unteren Teil zu Schaltschränken ausgebildet; jeder Schrank enthält den Motoren-Fernantrieb einer Ölschaltergruppe; außerdem werden in ihm die Selektivschutzrelais, Amperemeter und sonstigen Betätigungs- und Signalapparate untergebracht. Die Sammelschienen, welche aus Kupferseil von 120 mm² Querschnitt bestehen, sind wie bei den anderen Stationen an der Dachkonstruktion aufgehängt und an der Wand abgespannt.

Der wesentliche Vorteil der Schalterhallen liegt in der großen Übersichtlichkeit der Anlage und in der Minderung der Hochbaukosten infolge Wegfalls der Ölschalterkammern mit ihren großen eisernen Toren und der Zwischendecke.

Der Hallentyp läßt sich als ein Mittelding zwischen Zellenschalterhaus und Freiluftanlage bezeichnen; er weist die Vorteile der letzteren unter Vermeidung ihrer Nachteile auf.

## C. Schutzeinrichtungen für die Sicherung des Betriebes.

Entsprechend der Größe und Bedeutung des Bayernwerkes wurden alle Maßnahmen getroffen, um eine möglichst große Betriebssicherheit der Anlagen zu erreichen. Dieses Ziel wurde in erster Linie durch eine gute Ausführung der Anlagen angestrebt, durch reichliche Bemessung der Leiterabstände, Isolation der Leiter, ausschließliche Verwendung von Ölschaltern mit Schutzwiderständen, Ausführung der Transformatoren mit verstärkter Windungsisolation, Erhöhung der Kurzschlußreaktanz der Transformatoren und Schutz derselben durch vorgeschaltete Drosselspulen, des weiteren Ausschluß von ungeeignetem Material durch scharfe Prüfbestimmungen.

Trotz der größten Sorgfalt in der Auswahl des Materials und der Einrichtung der Bayernwerksanlagen ist es nicht möglich, Betriebsstörungen völlig zu vermeiden, möglich aber ist, Maßnahmen zu treffen, um Störungen räumlich und zeitlich einzuschränken.

### a) Erdschlußschutz.

So können vor allem verheerende Folgen durch Erdschlüsse im Netz entstehen. Beim Bayernwerk erreicht der Erdschlußstrom im ersten Ausbau die Größe von 257 Ampère. Um die Wirkung des Erdschlusses abzuschwächen, hat das Bayernwerk Erdschlußspulen nach Prof. Petersen eingebaut, die sich sehr gut bewähren. Dieselben sind zwischen Erde und den oberspannungsseitigen Nullpunkten der Transformatoren geschaltet und erzeugen einen dem voreilenden Erdschlußstrom ungefähr gleichen, jedoch in Phasenopposition stehenden nacheilenden Kompensationsstrom. Der Erdschlußstrom wird hierbei auf 5 bis 10 $^0/_0$ kompensiert; die Wirkkomponente des Reststromes wird zur Betätigung der Erdschlußrelais benutzt.

Im Bayernwerknetz sind 6 Erdschlußspulen aufgestellt, und zwar je eine Spule in

| | | | | | | | |
|---|---|---|---|---|---|---|---|
| Kochel . . . . . | für 5090 kVA | (80 A), | | Arzberg . . . . . | für 2860 kVA | (45 A), |
| München . . . . | „ 2860 „ | (45 „), | | Nürnberg . . . . | „ 5090 „ | (80 „), |
| Landshut . . . . | „ 5090 „ | (80 „), | | Aschaffenburg . . | „ 2860 „ | (45 „). |

Zur feineren Einstellung im Betrieb sind die Spulen noch mit Anzapfungen über Deckel versehen, so daß die Stromstärken der 80 A-Spulen auf 75, 70, 65 A, die der 45 A-Spulen auf 40 und 35 A eingestellt werden können. Die Spulen sind für eine Beanspruchung von 2 Stunden bei voller Last bemessen und erlauben bei Erdschluß noch 2 Stunden mit den betreffenden Leitungen in Betrieb zu bleiben.

Alle Umspannwerke sind mit den üblichen Erdschlußprüfern mittels Voltmeter ausgerüstet. Außerdem erlaubt eine sog. Erdschlußanzeigevorrichtung genau festzustellen, zwischen welchen Stationen der Erdschluß liegt.

Die Bayernwerk A.G. hat, um die elektrischen Vorgänge im Netz zu erforschen, gelegentlich von Versuchen mit dem Erdschlußschutz die für den Betrieb wichtigen Spannungen und Ströme gleichzeitig in Kochel, München und Nürnberg oszillographiert. Einen interessanten Ausschnitt aus einem in München aufgenommenen Oszillogramm gibt Bild 49a. Dies zeigt den Augenblick, in welchem die Abschaltung des gesamten mit Erdschluß behafteten Netzes in Kochel erfolgte, wobei das Abschalten des Ladestromes starke Lichtbogenvorgänge in den Ölschalterkontakten mit heftigen Oberschwingungen in allen Kurven hervorruft. Bemerkenswert ist nach erfolgter Abtrennung des Kraftwerkes das Ausklingen des Netzes in den Stromkurven, welches ohne jede Oberschwingung mit sich verringernder Periodenzahl erfolgt.

Bild 49b gibt die Verhältnisse wieder, wie sie beim Einschalten eines entfernten Erdschlusses (Nürnberg) entstehen. Da der Einschaltmoment mit dem Maximum der Spannung zusammenfällt, entsteht beim Übergang vom Vorkontakt zum Hauptkontakt ein Lichtbogen, der während einer halben Periode kleine Verzerrungen bringt. Die Erdschlußspannung schwingt normal ein.

Bild 49. Erdschlußspule nach Prof. Petersen für 2750 kVA-Eisenkern.

Das Erdschlußpegel dient dazu, um schnell und sicher die Größe des Erdschlußstromes und damit die richtigen Anzapfungen der Erdschlußspulen zu ermitteln. Auf einer Tafel sind über einer Skala die den einzelnen Leitungsstücken entsprechenden Erdschlußströme aufgetragen, unter der Skala die Spulenströme der vorhandenen Erdschlußspulen. Es ist dann auf den ersten Blick zu übersehen, ob alle Strecken, die in Betrieb sind, durch die Petersen-Spulen kompensiert oder die Anzapfungen der Spulen zu verändern sind. (Bild 50.) [1]

Weitere Vorsichtsmaßregeln eingetretene Störungen, sei es durch Überströme, Kurzschluß und Erdschluß im Leitungsnetz, durch Kurzschluß zwischen den Sammelschienen, sowie durch Wicklungsschäden innerhalb der Transformatoren, einzugrenzen, sind getroffen durch den Einbau eines von der AEG und den SSW gemeinschaftlich ausgearbeiteten kombinierten Schutzsystems.

[1] Vor kurzem vorgenommene Versuche zur Nachprüfung der Netzkompensation durch die Erdschlußspulen an einem Netz mit einem rechnerisch ermittelten Erdschlußstrom von 246 Amp. haben ergeben, daß die Grenze für die Löschfähigkeit des Lichtbogens bei einer Unter- bzw. Überkompensation von rd. $\pm 8\%$ liegt. Innerhalb dieser Grenzen erlosch der Lichtbogen unter knallartigen Erscheinungen. Durch diese Versuchsergebnisse dürfte erwiesen sein, welche Bedeutung dem Erdschlußpegel für die richtige Einstellung und den Erdschlußspulen für die Kompensation zukommt.

Durch dieses muß vor allem erreicht werden, eine Störung auf kleine Gebiete zu beschränken, d. h. nur den gestörten Abschnitt abzuschalten, ohne die übrigen Teilstrecken in Mitleidenschaft zu ziehen.

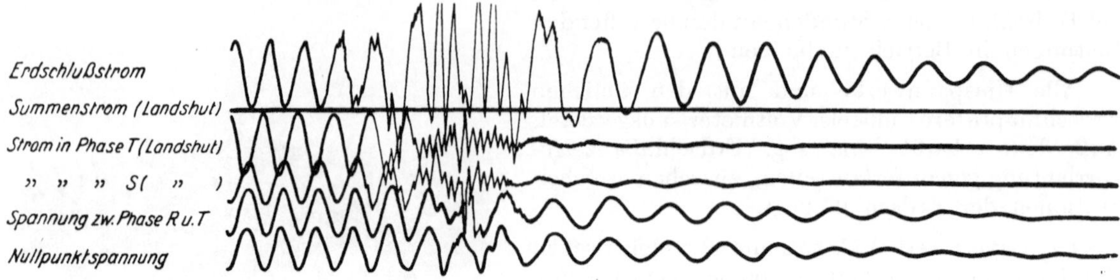


Bild 49a. Oszillogramm.

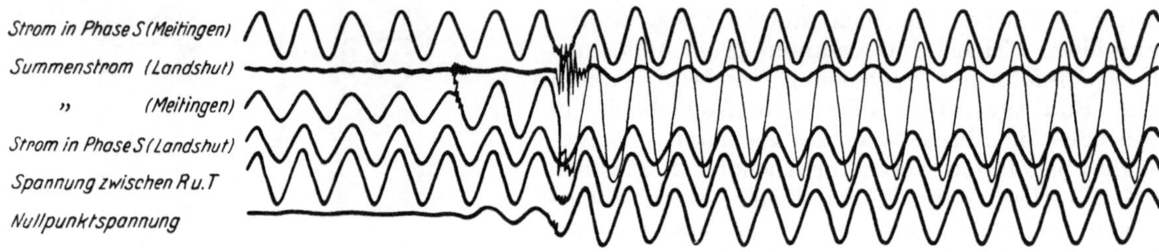


Bild 49b. Oszillogramm.

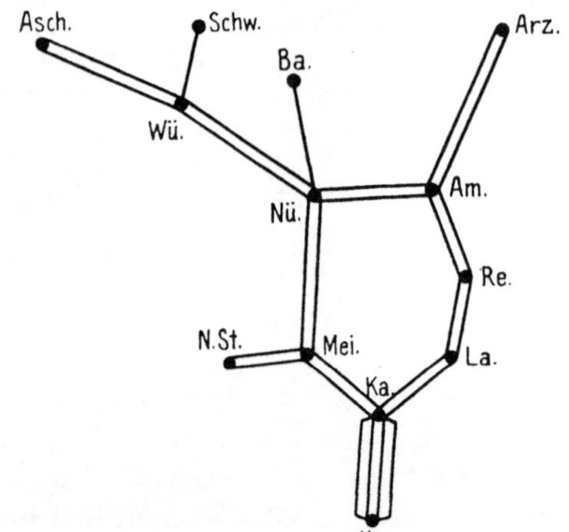


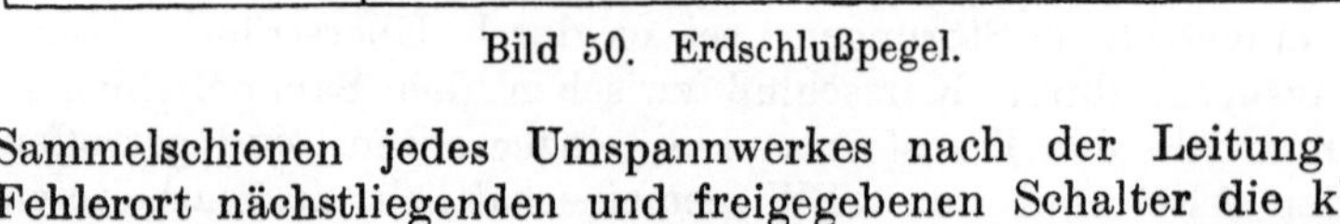


Bild 50. Erdschlußpegel.

## b) Leitungs- bzw. Selektivschutz.

Für die Einrichtung des Selektivschutzes ist wesentlich, ob die zu schützenden Teilstrecken aus Einfach- oder Doppelleitungen bestehen. Bei Einfachleitungen wird das selektive Abschalten der gestörten Teilstrecke durch Anwendung der gegenläufigen Staffelung erreicht, d. h. die Auslösezeiten der Austrittschalter nehmen in der Richtung von der Zentrale weg stetig ab und die Auslösezeiten der Eintrittschalter in gleicher Richtung stetig zu. Durch die Energierichtungsrelais werden nun diejenigen Schalter am Auslösen verhindert, die die Fehlerenergie von der Leitung nach den Sammelschienen jedes Umspannwerkes leiten, dagegen sind diejenigen Schalter zum Auslösen freigegeben, durch welche die Fehlerenergie von den Sammelschienen jedes Umspannwerkes nach der Leitung fließt. Dabei haben die dem Fehlerort nächstliegenden und freigegebenen Schalter die kleinste Verzögerung, so daß nur die gestörte Teilstrecke abgeschaltet wird. Bei Doppelleitungen wird der Schutz dadurch erreicht, daß die Ströme in den beiden parallelen Leitungen, die im gesunden Zustande gleich groß sind, miteinander verglichen werden. Bei jeder Störung tritt eine Ungleichheit in der Stromverteilung auf, die die Relais an beiden Enden zum Ansprechen bringt und die defekte Leitung momentan abschaltet, jedoch erst dann, wenn die Unsymmetrie größer als 1 : 3 ist, da ja die Maximalrelais auf etwa den doppelten Normalstrom einer Leitung eingestellt sind. Die gesunde Leitung bleibt in Betrieb. Nach Abschalten der defekten (für Kurzschluß) Bild 51. Zeitstaffelung für den Selektivschutz (für Erdschluß).

Leitung geht die Doppelleitung in eine Einfachleitung über. Ihr Schutz muß dann also dieselbe Eigenschaft haben, wie der von Einfachleitungen, d. h. die Auslösezeiten der Schalter müssen gestaffelt sein und zwar muß sich die Staffelung den übrigen Teilstrecken entsprechend einreihen. Diese Staffelung wird dadurch erreicht, daß nach Abschalten einer der parallelen Leitungen die Schnellauslösung der gesunden Leitung durch Hilfskontakte an den abgeschalteten Ölschaltern ausgeschaltet wird und nur noch die Maximal-Stromzeitrelais auf die Schalter wirken können, deren Zeiten entsprechend gestaffelt sind.

Um auch bei Erdschlüssen die Leitungen selektiv abzuschalten, sind gesonderte Erdschlußrelais vorgesehen, die an die Stromwandler in Dissymmetrieschaltung angeschlossen sind und auf unabhängige Zeitrelais wirken. Diese sind in gleicher Weise wie die abhängigen Maximal-Stromzeitrelais gegenläufig gestaffelt.

Versuche, welche zur Erprobung des eingebauten Schutzsystems vorgenommen wurden, haben gezeigt, daß dieses System wegen der Kompliziertheit der Relaiskombinationen und -schaltungen noch nicht jene Sicherheit im Eingrenzen des Fehlerortes und Abschalten von gestörten Leitungen verbürgt, welche der Betrieb eines für die Energieversorgung des Landes so wichtigen Netzes erfordert. Die zurzeit durch die Bayernwerk A.G. zusammen mit den Großfirmen angestellten Untersuchungen zielen darauf ab, die vorhandenen Schutzeinrichtungen zu vereinfachen und zu vervollkommnen.

Bild 52. Selektivschutztafel im Umspannwerk Nürnberg.

## c) Schutz gegen Sammelschienen-Kurzschluß.

Gegen Sammelschienen-Kurzschluß ist die Differentialschaltung nach Merz-Price angewandt. Sie beruht auf dem Grundgedanken, daß in einem Umspannwerk im normalen Betrieb die Summe der zufließenden Ströme gleich der Summe der abfließenden Ströme ist. Bei einem Sammelschienen-Kurzschluß dagegen fließt mehr Energie in das Umspannwerk hinein als heraus. Bei der Differentialschaltung sind die Sekundärwicklungen aller Stromwandler gleicher Phase mit einem Maximal-Stromrelais parallel geschaltet. Bei einem Sammelschienen-Kurzschluß fließt die Differenz der zu- und abfließenden Ströme über dieses Relais, welches die Auslöser sämtlicher Ölschalter des Umspannwerkes steuert und somit das Werk vollständig vom Netze abtrennt. Für diesen Schutz sind besondere Stromwandler nicht erforderlich; es werden vielmehr die Stromwandler für den Selektivschutz auch gleichzeitig für diesen Zweck benützt. Die Sekundärwicklungen dieser Wandler sind unterteilt, um die Verbindung mit dem Sammelschienen-Schutz zu ermöglichen.

## d) Differentialschutz der Transformatoren.

Hier wird ebenfalls die Differentialschaltung nach Merz-Price angewandt, wobei die ober- und unterspannungsseitigen Ströme im Transformator je Phase miteinander verglichen werden. Im Falle von Defekten in den Wicklungen treten vergrößerte Differenzströme auf, welche die Differentialrelais durchfließen. Diese bewirken dann bei größeren Unsymmetrien (etwa 30 % des Normalstromes) das automatische Abschalten der defekten Transformatoren.

Bild 53 zeigt die Gesamtanordnung des Schutzes für ein Umspannwerk mit einer einfachen Leitung, einer Doppelleitung und einem Transformatorenzweig.

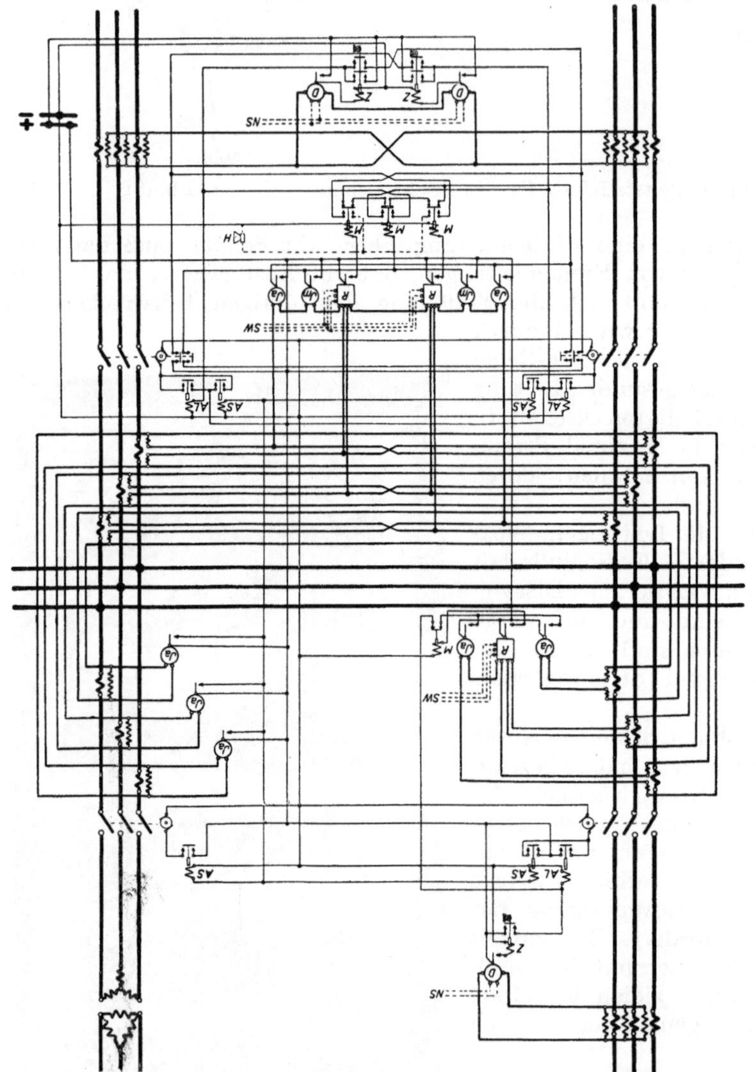


Bild 53. Gesamtanordnung des Schutzes für ein Umspannwerk.

Buchstabenerklärung:

*AL* Auslöser für Leitungsdefekt.
*AS* Auslöser für Sammelschienenschutz.
*D* Erdschlußrelais.
*H* Hupe.
*Ja* Vom Strom abhängiges Maximalstrom-Zeitrelais.
*Jm* Unabhängiges Maximalstromrelais.
*M* Zwischenrelais.
*R* Richtungsrelais,
*SW* Spannungswandler.
*NS* Nullspannungsspule
*Z* Zeitrelais.

# D. Betriebsführung.

Die Betriebsführung des Bayernwerkes hat zwei Hauptaufgaben zu erfüllen:

A. Die energiewirtschaftliche Disposition, die in den Händen der Wirtschaftlichen Abteilung (Abt. W) liegt,

B. die technische Durchführung und Überwachung des Betriebes, die der Betriebs-Abteilung (Abt. B) obliegt.

## Energiewirtschaftliche Disposition.

Endzweck der Energiedisposition ist die Lastverteilung auf die im Bayernwerk zusammengeschlossenen Wasser- und Wärmekraftwerke zur Erzielung der vollkommensten Ausnützung der jeweiligen Wasserkraftdarbietung. Um die Verwirklichung dieses Zieles zu ermöglichen, laufen bei der Abt. W die Bedarfsanforderungen der Abnehmer und die täglichen Meldungen über die jeweiligen Energiedarbietungen der angeschlossenen Kraftwerke sowie über die Pegelstände der Wasserspeicher und über die Wasserzuflußmengen zu denselben zusammen. Das Bild wird ergänzt durch Beobachtungen über die Niederschlagsmengen im Einzugsgebiete der in Frage kommenden Flußläufe, die brauchbare Anhaltspunkte liefern einerseits über die in nächster Zeit zu erwartende Energiedarbietung der Wasserkraftwerke, andererseits auch über den Teil des Energiebedarfes der Abnehmer, der voraussichtlich nicht durch ihre eigenen Wasserkräfte gedeckt werden kann. Auf Grund der eingelaufenen Meldungen wird täglich jedem der an das Bayernwerk liefernden Wasserkraftwerke die Leistung vorgezeichnet, die es in das Bayernwerknetz zu drücken hat, wobei als Richtlinie immer die möglichst gleichmäßige Vollbelastung der Laufkraftwerke und die Aufspeicherung der Energie der Speicherwerke für die Zeiten der Wasserknappheit und hohen Energiebedarfes gilt. Es ist natürlich nicht möglich, die gesamten Überschußwasserkräfte in Speicherbecken anzusammeln, um sie in wasserarmen Zeiten zu verwerten. Hierzu wären Stauanlagen von solcher Ausdehnung notwendig, daß ihre Ausführbarkeit an der Frage der Wirtschaftlichkeit scheitert. Ein viel geeigneteres Mittel, die Ausnützbarkeit der Wasserkraftwerke zu heben, ist das Zusammenarbeiten mit Wärmekraftwerken, die bei schlechten Wasserständen den jeweiligen Fehlbedarf decken und bei günstigen Wasserständen stillgesetzt werden. Da sich im Versorgungsgebiete des Bayernwerkes sehr leistungsfähige Dampfkraftwerke befinden, hat das Bayernwerk vorläufig von der Errichtung eigener Wärmekraftwerke Abstand genommen und mit den bestehenden Werken Abkommen getroffen, wonach diese Werke auf Anfordern des Bayernwerkes ihren Energiebezug vom Bayernwerk einschränken und den fehlenden Bedarf in ihren eigenen Dampfkraftwerken selbst erzeugen. In Zeiten, in denen also die Wasserkräfte des Bayernwerkes zur Deckung des Bedarfes nicht ausreichen, wird — wieder durch die Abteilung W — ermittelt, in welchem Maße und auf welche Zeit die Energielieferung an die Abnehmer mit eigenen Wärmekraftwerken eingeschränkt wird. Um den Wärmekraftwerken hierbei ein wirtschaftliches Arbeiten zu ermöglichen, werden diese Einschränkungsperioden immer auf größere Zeitabschnitte eingestellt, wozu das Bayernwerk im Hinblick auf die große Leistungsfähigkeit des Walchenseespeichers und die damit verbundenen Ausgleichsmöglichkeiten jederzeit in der Lage ist.

Die Übermittlung der Energiedispositionen der Abt. W an die liefernden Kraftwerke und an die Abnehmer des Bayernwerkes erfolgt durch die Zentralverteilungsstelle, durch deren Vermittlung auch die obengenannten täglichen Meldungen über Bedarf und Darbietung an die Abt. W gelangen und deren sonstige Aufgaben im folgenden noch erläutert werden.

## Technische Durchführung.

Die Betriebsabteilung leitet und überwacht die eigentliche Betriebsdurchführung. Als ausführende Organe sind hierfür geschaffen:

Die Zentralverteilungsstelle und die Bezirksleitungen.

### a) Zentralverteilungsstelle.

Das Hauptorgan der Betriebsführung im engeren Sinn ist die Zentralverteilungsstelle, die ihren Sitz im Umspannwerk Karlsfeld hat.

Die Funktionen dieser Zentralverteilungsstelle sind folgende:

#### 1. Anordnung der Schaltbefehle.

1. Anordnung und Registrierung jeder im Bayernwerknetz vorzunehmenden Schaltung; hierzu sind folgende Hilfsmittel erforderlich:
   - $\alpha$) Fernsprecheinrichtungen,
   - $\beta$) Festlegung einer klaren, knappen Betriebsnomenklatur,
   - $\gamma$) ständige genaue Übersicht über den gesamten jeweiligen Schaltungszustand der Bayernwerksanlagen;

2. Einsatz der dem Bayernwerk zur Verfügung stehenden Kraftwerke entsprechend den Weisungen der wirtschaftlichen Abteilung der Hauptverwaltung des Bayernwerkes.
3. die Spannungsregelung und damit im Zusammenhang die Regelung des Wirk- und Blindstromflusses nach wirtschaftlichen Gesichtspunkten;
4. die Betriebsvermittlung zwischen dem Bayernwerk und seinen Abnehmern bzw. Energielieferern;
5. dauernde Aufzeichnung und Festhaltung des Energieflusses und sämtlicher sonstigen Betriebsvorgänge;
6. Überwachung und Einstellung der gesamten Schutzeinrichtungen;
7. Alarmierung und Informierung der Störungskolonnen.

### $\alpha$) Fernsprecheinrichtungen.

Das Bayernwerk verfügt über zwei eigene voneinander unabhängige Sprechanlagen: eine von der Reichspostverwaltung erstellte Draht-Fernsprechanlage und eine von der „Telefunken“-Gesellschaft für drahtlose Telegraphie m.b.H. in Berlin erstellte Hochfrequenz-Fernsprechanlage (Bild 54).

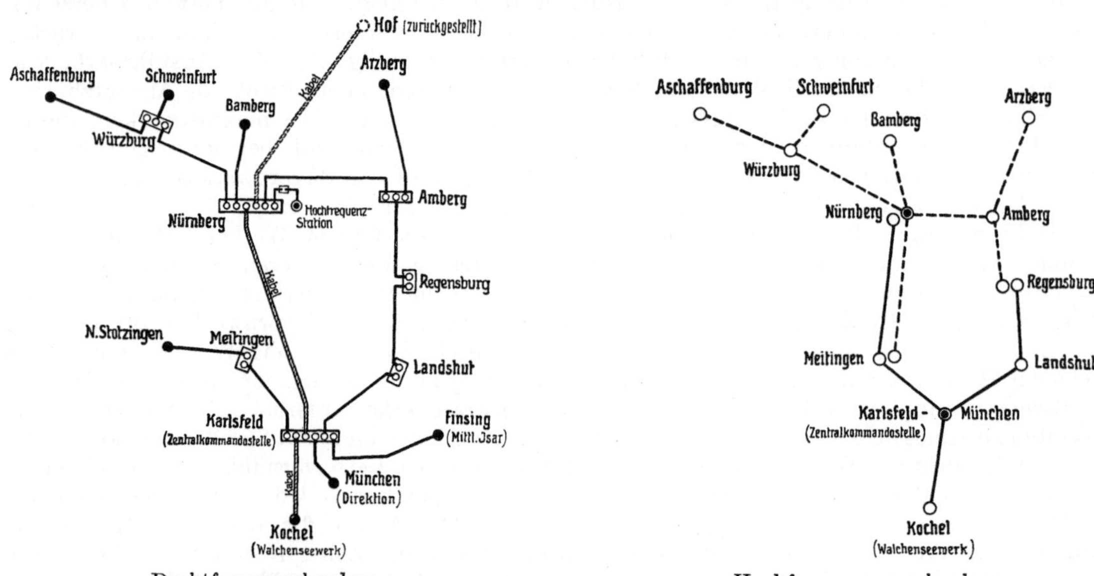


Drahtfernsprechanlage. Hochfrequenzsprechanlage.

Bild 54. Betriebstelephonanlagen des Bayernwerkes.

Von den zur Verfügung stehenden Hochfrequenz-Telephoniesystemen: Raumtelephonie oder leitungsgerichtete Telephonie fiel die Wahl auf letztere, da die für Raumtelephonie geeigneten Wellenlängen bereits für andere Zwecke besetzt sind, außerdem Störungsmöglichkeit durch Dritte vorliegt, kostspielige Sende- und Empfangseinrichtungen und zum Betrieb große Energiemengen erforderlich sind. Wenn auch das System der leitungsgerichteten Telephonie, bei welcher mittels Kathodenröhren erzeugte, ungedämpfte Schwingungen von etwa 300000 Per/sec durch Kondensatoren auf die 100000 Voltleitungen übertragen werden, welchen Schwingungen der Sprechstrom übergelagert wird, den Nachteil hat, daß bisher nur Sprechverkehr über ein Umspannwerk hinweg praktisch erprobt ist, so hat dieses System doch vor allem den Vorteil, daß nur geringe Energiemengen und kleine Sendeapparate erforderlich sind, wodurch der Betrieb sich billiger gestaltet und Störungen anderer Hochfrequenzanlagen vermieden werden. Es bestehen zwei Sprechbezirke mit den Hauptsprechstationen München und Nürnberg. Von diesen aus findet Radialsprechverkehr mit den zugeordneten Unterstationen statt.

### $\beta$) Betriebsnomenklatur.

Um bei Übermittlung der Schaltbefehle Verwechslungen auszuschließen und die Verständigung klar und knapp zu gestalten, wurde jeder Station eine Kennziffer erteilt. Unter

Verwendung derselben werden die Leitungsschalter durch zweistellige, die übrigen Schalter durch dreistellige Zahlen bezeichnet.

### $\gamma$) Schaltungszustand.

Die Zentralverteilungsstelle verfügt über ein Lichtschaltbild, auf dem die 110 kV- und die abgehenden Verteilungsleitungen nebst den zugehörigen Schaltern, Sammelschienen, Transformatoren und die in das Bayernwerknetz speisenden Kraftwerks-Generatoren schematisch dargestellt und entsprechend 1 $\beta$) bezeichnet sind; auf diesem Schaltbild wird der jeweilige Schaltzustand durch Lichtsignale gekennzeichnet, die von einem Kommandopult aus durch den diensthabenden Ingenieur geschaltet werden. 2000 Signallampen bedecken ein 3 m hohes und 6 m langes Feld. Bei jeder Schaltung laufen Schaltbefehl, Rückmeldung und Schaltung auf dem Lichtschaltbild parallel.

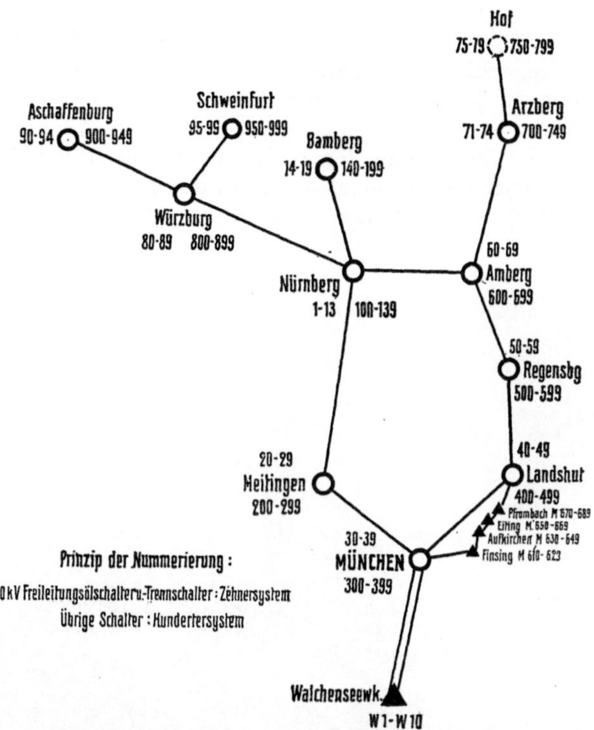


Bild 55. Kennzahlen der Bayernwerk-Schalter.

## 2. Lastverteilung.

Die Gesichtspunkte, nach welchen die Wirtschaftliche Abteilung der Hauptverwaltung den Einsatz der dem Bayernwerk zur Verfügung stehenden Kraftquellen sowie die Abgabe an die Großabnehmer regelt, wurden bereits eingangs dieses Abschnittes erläutert.

Bild 56. Zentralverteilungsstelle Karlsfeld mit Lichtschaltbild.

### 3. Spannungsregelung.

Gegenüber den durch Richtungs- und Intensitätsänderung des Wirk- und Blindstrom flusses in den verschiedenen Netzpunkten verursachten Spannungsschwankungen ist Konstanthaltung der Spannung an den einzelnen Abgabestellen anzustreben, bzw. das Bayernwerk muß darüber hinaus den Bedürfnissen des Abnehmers dahin entgegenkommen, daß in Zeiten schwacher Belastung, also z. B. in den Nachtstunden die Spannung entsprechend reduziert wird.

Bild 58 stellt den Spannungsverlauf im Bayernwerksnetz dar. Zur Formgleichhaltung der dargestellten, für mittlere Verhältnisse berechneten Spannungscharakteristik verfügt das Bayernwerk über 3 Mittel:

Bild 57. Betriebsführungstisch.

a) Änderung der Transformatorenübersetzungen durch entsprechende Schaltung der Zusatztransformatoren,
b) entsprechende Verteilung der Stromzufuhr, also Beeinflussung des Wirkstromflusses,
c) Regelung des Blindstromflusses („Phasenschieben") durch vorerst zwei, später drei im Umspannwerk Nürnberg aufgestellte Blindstrommaschinen.

Die Zusatztransformatoren sind unter Last nicht umschaltbar. Trotzdem ist es möglich, in Zeiten schwacher Belastung, wenn nur ein Transformator eines Umspannwerkes in Betrieb ist, den Zusatz des zweiten Transformators auf die erforderliche Spannungsübersetzung einzustellen und auf diese Weise ohne Stromunterbrechung auf die andere Stufe überzugehen.

Die Regelung des Wirkstromflusses erfolgt hauptsächlich durch verschiedene Gestaltung der Einleitung der Mittlere Isar- und Walchensee-Energie nach Karlsfeld oder Landshut.

Der Einsatz der Nürnberger Blindstrommaschinen dient in erster Linie zur Feinregelung. Immerhin können durch dieses Mittel Spannungsänderungen bis zu etwa 7% bewirkt werden.

Außer der Blindstromregelung durch die in Nürnberg zu diesem Zwecke aufgestellten Phasenschieber bieten die an das Bayernwerksnetz angeschlossenen Zentralen die Möglichkeit, Blindstromvariationen entsprechend der notwendigen Spannungshaltung durchzuführen. Hierfür kommen hauptsächlich Karlsfeld bei München als Speisepunkt des Walchenseewerkes und der Mittleren Isar, Landshut als Speisepunkt der Mittleren Isar, Amberg als Ringanschlußpunkt der Zentrale Arzberg, endlich Aschaffenburg mit den Zentralen Mainaschaff und Dettingen in Frage.

Doch nicht allein die Spannungshaltung ist der Zweck der Blindstromregulierung, sondern auch der möglichst wirtschaftliche Energietransport über die Verteilungsleitungen des Bayernwerkes soll damit erreicht werden.

## b) Die Bezirksleitungen.

Das Netz des Bayernwerkes ist in 4 Betriebsbezirke eingeteilt. Jedem Bezirke steht eine Bezirksleitung vor. Als Sitz der einzelnen Bezirksleitungen wurden die Umspannwerke in Karlsfeld bei München, Würzburg, Nürnberg und Amberg gewählt, wodurch erreicht wurde, daß jede Bezirksleitung möglichst im Schwerpunkt ihres Aktionsbereiches liegt.

Zum Bezirk München gehören die Umspannwerke: Karlsfeld und Landshut sowie die Leitungen München—Landshut—Unter-Sanding (auf der Strecke Landshut—Regensburg), München—Meitingen und München—Kochel.

Der Bezirksleitung Nürnberg unterstehen die Umspannwerke: Nürnberg, Bamberg und Meitingen sowie die Leitungen: Nürnberg—Bamberg, Nürnberg—Meitingen—Niederstotzingen und Nürnberg—Feucht (auf der Strecke Nürnberg—Amberg).

Der Würzburger Bezirk umfaßt die Umspannwerke: Würzburg, Schweinfurt, Aschaffenburg sowie die Leitungen: Würzburg—Schweinfurt, Würzburg—Aschaffenburg—Dettingen und Würzburg—Nürnberg.

Endlich überwacht die Bezirksleitung Amberg die Umspannwerke: Amberg, Arzberg und Regensburg sowie die Leitungen: Amberg-Regensburg-Unt. Sanding und Amberg-Arzberg-Hof.

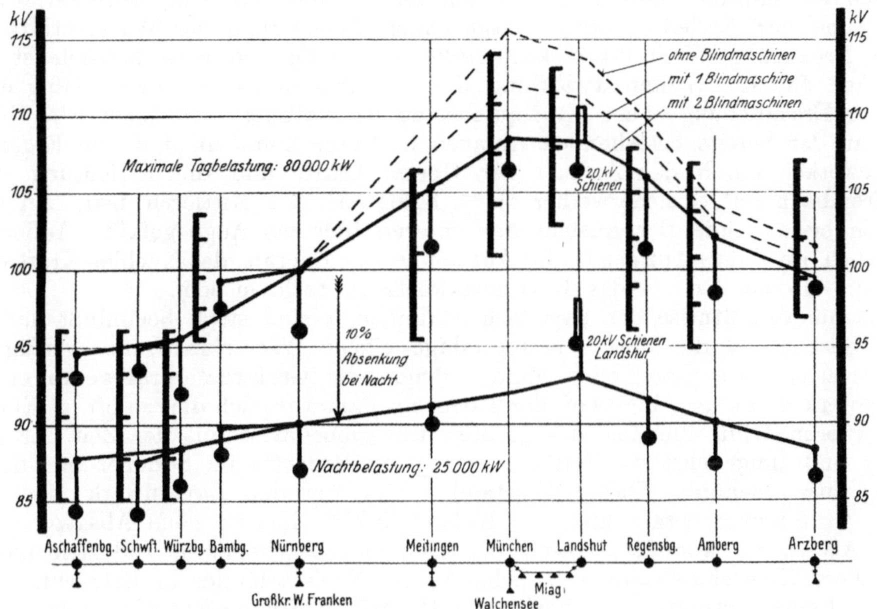


Bild 58. Spannungsverlauf im Bayernwerknetz.

Aufgabe der Bezirksleitungen ist die betriebsfähige Instandhaltung und im Störungsfalle Wiederinstandsetzung der Leitungen sowie der elektrischen und maschinellen Einrichtungen der Umspannwerke. Ihnen steht das erforderliche Personal an Schaltmeistern und -wärtern zur Verfügung.

Das Leitungsnetz wird durch einen regelmäßigen Streckendienst unter dauernder Kontrolle gehalten; zu Zeiten erhöhter Gefährdung des Netzes, sei dies durch elektrische Einflüsse bei Gewittern oder durch außergewöhnliche mechanische Beanspruchungen, wie starke Schneestürme, Rauhreif usw., erfolgen besondere Begehungen.

Eine Hauptaufgabe der Betriebsorganisation des Bayernwerkes ist neben der dauernden Überwachung der Leitungen auch die rasche Behebung von Störungen in den Fernleitungsanlagen und die sofortige Wiederinstandsetzung von gestörten Leistungsstrecken. Eine Vorbedingung hierfür war die Schaffung eines umfangreichen und zuverlässigen Meldedienstes. Da zu dessen Durchführung das eigene Personal nicht ausreicht, mußten auch private Personen und staatliche Institute, wie die Bezirks-, Straßen- und Flußbauämter gewonnen werden. Die Störungsmeldungen gelangen entweder auf den dem Bayernwerk eigenen Fernmeldeanlagen oder auf den Fernsprechlinien der Post zu den Störungsbehebungstellen, welche den einzelnen Bezirksleitungen unterstehen und an deren Dienstsitzen eingerichtet sind.

Jede Störungsbehebungsstelle verfügt über eine in der Behebung von Schäden in den Freileitungen geübte Kolonne, die mit den nötigen Lastkraftwagen und der entsprechenden Werkzeugausrüstung versehen ist. Mittels einer mobilen Hochfrequenz-Telephonstation ist sie in der Lage auf freier Strecke mit den Umspannwerken in Verkehr treten zu können.

Erfreulicherweise haben sich die 100 kV-Fernleitungen des Bayernwerkes als so betriebssicher erwiesen, daß die vorstehend geschilderte Organisation während des letzten Geschäftsjahres nur einmal in Funktion treten mußte, um einen kleinen, durch direkten Blitzschlag entstandenen Schaden in der Leitung zu beheben.

## E. Energieabsatz.

Das Bayernwerk gibt die für die allgemeine Landesversorgung zu verwendenden Energiemengen grundsätzlich nur an Großverteilungsunternehmungen ab, die unter Benützung ihrer bereits bestehenden Übertragungsanlagen die Verteilung an die Verbraucher übernehmen. Die Versorgungsgebiete dieser Großabnehmer sind aus Bild 2 zu ersehen und decken sich mehr oder weniger mit den Grenzen der einzelnen Kreise Bayerns.

Auf Grund der abgeschlossenen Verträge und der darüber hinausgehenden Bedarfsanmeldung[1]) ist zu erwarten, daß schon in den ersten Betriebsjahren bei einem Energiebezug von rd. 250 Mio kWh die Höchstleistung des Walchenseewerkes und der Kraftwerke der Mittleren Isar nur bei günstigen Wasserverhältnissen ausreichen werden, um den in den Wintermonaten auftretenden Spitzenbedarf ohne Heranziehung der vorhandenen Dampfkraftwerke zu decken.

Wenn auch zur Erzielung einer weitgehenden Ausnützung der Wasserkräfte eine entsprechende Ergänzung durch Wärmekraftwerke notwendig und wirtschaftlich ist, so lassen die Anzeichen für die Weiterentwicklung des Energieabsatzes es zweckmäßig erscheinen, sich mit der Erschließung neuer Kraftquellen zu beschäftigen. Zunächst wird hierfür der volle Ausbau der bereits bestehenden Anlagen in Frage kommen, d. h. die Ergänzung des Walchenseewerkes durch den Ausbau der Obernachstufe und die Errichtung des Kraftwerkes Pfrombach mit Speicherweiher als 4. Kraftwerk der Mittleren Isar. An neuen Anlagen ist in erster Linie der Ausbau der unteren Iller ins Auge gefaßt. Außerdem wird voraussichtlich im Jahre 1927 mit der Aufnahme der Energie des Kachlet-Kraftwerkes der Rhein—Main—Donau A.G. in das Bayernwerknetz zu rechnen sein.

Die Abnahmeverhältnisse der bayerischen Abnehmer sind stark beeinflußt dadurch, daß die südbayerischen Werke über leistungsfähige eigene Wasserkraftwerke verfügen, deren Darbietungsverhältnisse mehr oder minder denen der Großwasserkraftwerke entsprechen. Das Bayernwerk steht also hier vor der Tatsache, daß, wie sich dies so oft im Elektrizitätsversorgungswesen trifft, die Zeit des größten Energiebedarfes mit der Zeit der geringsten Darbietung und umgekehrt die Zeit des geringsten Bedarfes im Sommer mit der größten Darbietung zusammenfällt. Dieser Umstand ergibt für das Bayernwerk einen gewissen Überschuß an Sommerenergie und die Notwendigkeit, hierfür neue Absatzgebiete zu erschließen. Als solche kommen, soweit die einheimische chemische Industrie nicht in der Lage ist, diese Überschußkräfte aufzunehmen, die Nachbarländer in Betracht, welche auf Grund ihrer Energieverhältnisse vornehmlich Bedarf an Sommerenergie haben.

Die Leitungen des Bayernwerkes sind dementsprechend so angeordnet, daß eine Energielieferung an Württemberg, an Hessen und durch Vermittlung beider sowie Badens an die Pfalz, ferner an Preußen und Thüringen, und endlich durch eine Leitung Hof-Herlasgrün (bei Plauen) in das mitteldeutsche Netz möglich gemacht ist.

Anfänge zu einer solchen Verflechtung des Bayernwerksnetzes mit der gesamten deutschen Energiewirtschaft sind bereits gemacht. Die Leitung Meitingen—Niederstotzingen ist fertiggestellt und es werden über diese Leitung, welche an die Leitung Niederstotzingen—Stuttgart der Württembergischen Landes-Elektrizitäts A.G. anschließt, die städtischen Elektrizitätswerke Stuttgart und die Neckarwerke mit elektrischer Energie beliefert. Durch Verlängerung dieser Leitungsstrecken bis zum Murgwerk in Baden wird sich die Möglichkeit eines Energieaustausches für den ganzen süddeutschen Wirtschaftsbezirk schaffen lassen. Die Verlängerung der Leitung von Aschaffenburg bis Höchst a. M. wird in nächster Zeit in Angriff genommen, um die Energielieferung an die Main-Kraftwerke durchzuführen; der Zusammenschluß des Bayernwerkes mit den mitteldeutschen Anlagen wird nur mehr eine Frage der Zeit sein.

So ist denn mit dem Bau und der Inbetriebnahme des Bayernwerkes ein wesentlicher Schritt zur planmäßigen Vereinheitlichung der elektrischen Bewirtschaftung eines großen Gebietes durch Fernversorgung von gewaltigen Kraftmittelpunkten aus gemacht worden. Die volkswirtschaftliche Bedeutung der geschaffenen Anlagen liegt nicht allein in der Einsparung von Brennstoffen und der für ihre Beförderung aufzuwendenden Frachtkosten, sondern auch in der besseren Ausnutzbarkeit der bestehenden Anlagen und der Möglichkeit des Einsatzes der einzelnen Kraftquellen nach wirtschaftlichen Gesichtspunkten, was bei Steigerung des Konsums sich in der Verbilligung der Energie äußern wird.

---

[1]) Dank dem hohen Speichervermögen des Walchenseekraftwerkes und der Leistungsfähigkeit der zum Teil in Betrieb genommenen Kraftwerke der Mittleren Isar war es trotz der katastrophalen Wasserklemme möglich, im Monat März den gesteigerten Energiebedarf der Abnehmer des Bayernwerkes in Höhe von mehr als 20 Mio kWh restlos zu decken.

# Das Walchenseewerk.

Der Plan, den Höhenunterschied von rd. 200 m zwischen Walchensee und Kochelsee zur Kraftgewinnung auszunützen, wurde das erste Mal durch ein Münchener Ingenieurbüro im Jahre 1897 gefaßt. Im Jahre 1904 legte der Geh. Oberbaurat Dr.-Ing. Schmick das

Bild 59. Das Walchenseewerk aus der Vogelschau.

erste auf richtigen technischen Grundlagen aufgebaute Projekt bei der Regierung von Oberbayern mit der Bitte um polizeiliche Genehmigung vor. Nach diesem Entwurf wurde die aus der Gefällstufe Walchensee—Kochelsee erzeugbare mittlere Jahresleistung auf 20000 PS berechnet; in einem II. Ausbau sollte mit der Obernachstufe eine zwischen 3000—4000 PS schwankende Kraftleistung erzielt werden. Um die Jahreswende 1904/5 wurden die Ideen des Major von Donat in der breiten Öffentlichkeit bekannt, welche eine wirtschaftlichere

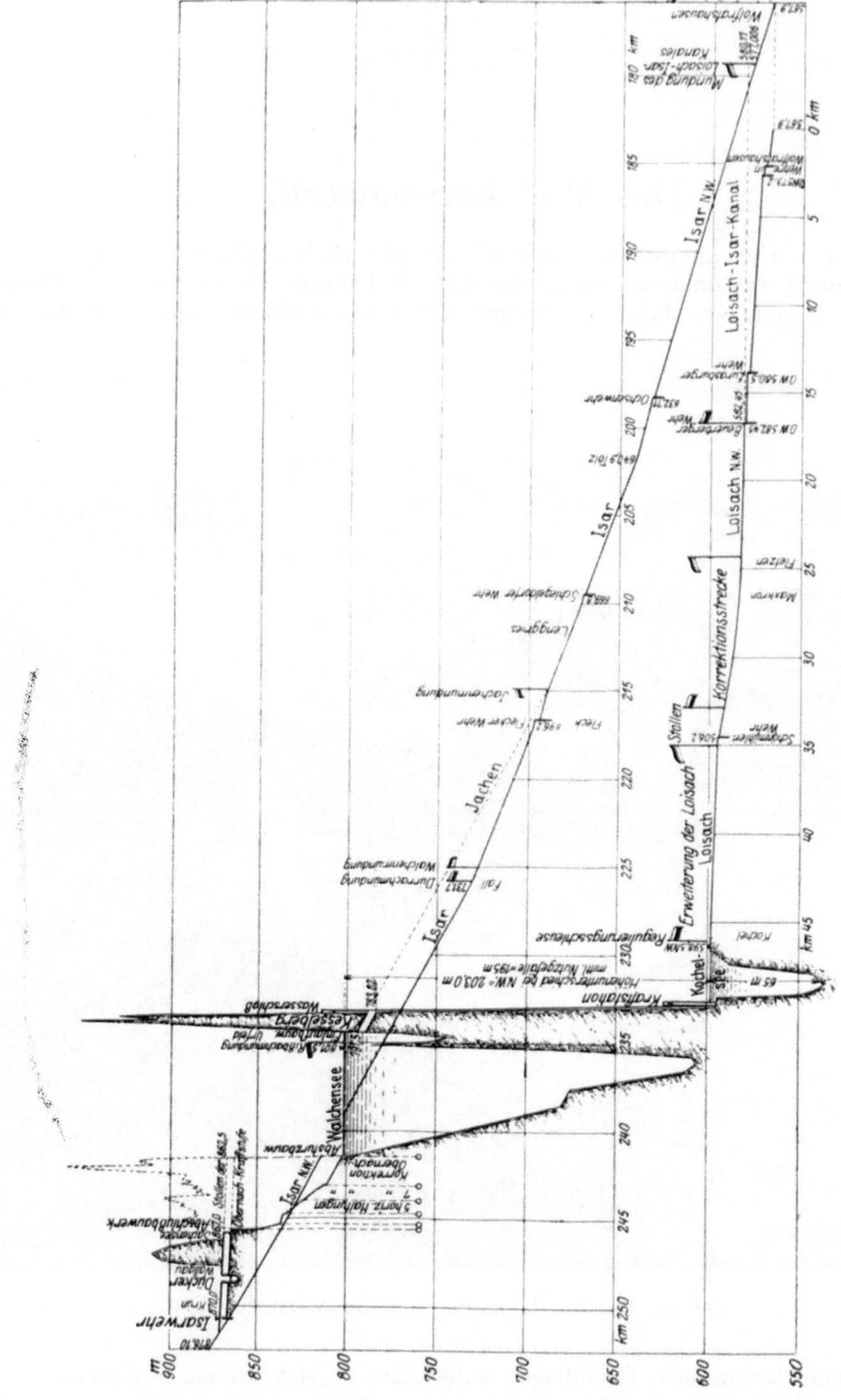


Bild 60. Höhenplan des Walchenseewerkes.

Ausnützung der Wasserkräfte der Isar und des Walchensees bezweckten. Nach Donat sollte durch eine massive Sperrmauer von 35 m Höhe zwischen Wallgau und Vorderriß der sog. Isarstausee von 4 qkm Seefläche geschaffen und außerdem der Rißbach durch einen Hangkanal in diesen übergeleitet werden. Die erste Kraftstufe war im Auslauf des sog. Katzenkopfes vorgesehen und mit der auf 32 $m^3$/sec geschätzten, während des ganzen Jahres vorhandenen Wassermenge sollten bei einem Gefälle von 55 m ständig 20000 PS, in der Hauptkraftstufe von 200 m Höhe zwischen Walchensee und Kochelsee ständig 80000 PS verfügbar werden.

Die vorerwähnten Möglichkeiten für die Kraftausnützung des Walchensees wurden nun im Jahre 1907 als Unterlagen für die weiteren Untersuchungen mit zu Rate gezogen, welche die bayerische Staatsregierung anstellte. Den Ausgangspunkt für die Bearbeitung des staatlichen Projektes bildete die genaue Feststellung der Wasserführung der in Betracht kommenden Niederschlagsgebiete, wozu die Beobachtungen der Landesstelle für Gewässerkunde die nötigen Aufschlüsse boten. Für die Größe der Anlage war damals in erster Linie der Energieverbrauch für den elektrischen Betrieb der Eisenbahn maßgebend, der nach dem damaligen Elektrisierungsprogramm eine Höchstleistung von rd. 90000 PS erforderte. Nachdem von der Staatsregierung ein ins Einzelne gehendes Projekt über den Ausbau des Walchensees vorlag, wurden eine Reihe von Bedenken gegen den Ausbau geäußert, denen die Staatsregierung durch Ausschreiben eines Wettbewerbes im Jahre 1909 die Spitze zu nehmen trachtete. Von den eingereichten 31 Entwürfen wurden 6 mit Preisen bedacht. Der Wettbewerb hat wesentlich zur Klärung des Projektes beigetragen und die in den preisgekrönten Entwürfen niedergelegten Ideen gaben wertvolle Anregungen für die Erstellung des endgültigen Ausführungsentwurfes. In dem staatlichen Entwurf des Jahres 1910/11 wurde eine Absenkung des Walchensees bis 4,60 m zugelassen, der Isar und der Jachen wurden für Flößerei und Trift noch genügende Wassermengen belassen. Bereits im Jahre 1910 waren vom Bayerischen Landtag die Mittel zum Ausbau genehmigt worden, jedoch konnte wegen der immer noch bestehenden Bedenken und Einsprüche, zuletzt auch wegen der Änderung des Elektrisierungsprogrammes der Bahnen mit dem Bau nicht begonnen werden. Geheimer Baurat Dr. ing. Oskar von Miller gab durch seinen in den Jahren 1915/16 ausgearbeiteten Plan, die bestehenden Elektrizitätswerke und Überlandzentralen in dem sogenannten „Bayernwerk" zusammenzufassen, eine Lösung für die restlose Unterbringung der im Walchenseewerk erzeugbaren Energiemengen. Schon vor dem Kriege hatte man sich entschlossen, die Walchensee-Energie der allgemeinen Landesversorgung dienstbar zu machen; die Not und die Kohlenknappheit, die während des Krieges in Erscheinung traten, drängten nunmehr zum Ausbau und zur größtmöglichen Ausnützung der vorhandenen Kraftquellen.

Aus diesen Gesichtspunkten heraus entstand die nunmehr vollendete Kraftanlage des Walchensees.

Das Walchenseewerk wurde von der Walchenseewerk A.G., München erstellt und nützt die 200 m hohe Gefällstufe zwischen dem Walchensee und dem Kochelsee aus. Die mittlere im Walchenseewerk verfügbare Jahresarbeit beträgt rd. 180 Mio kWh; hiervon werden im normalen Betrieb rd. 60 Mio kWh als Einphasensenstrom für den Betrieb der elektrisierten Bahnstrecken an die Deutsche Reichsbahn-Gesellschaft abgegeben, der Rest von etwa 120 Mio kWh fließt in das 110 kV-Netz des Bayernwerkes in Form von Drehstrom zur Deckung der allgemeinen Elektrizitätsversorgung des Landes und seiner Nachbargebiete.

## A. Anlagen zwischen Isar bei Krünn und Walchensee.

Die Gesamtanlage wurde so ausgeführt, daß in den Wintermonaten rd. 12,3 $m^3$/sec dauernd verfügbar sind. Diese Wassermenge kann aus dem Einzugsgebiet des Walchensees allein nicht erreicht werden, es mußten deshalb die eigenen Zuflüsse des Walchensees durch Überleitung von Isarwasser in den Walchensee vermehrt werden.

### a) Wehranlage bei Krünn.

Zu diesem Zwecke wird die Isar durch ein 1,1 km oberhalb Krünn errichtetes Wehr um 4 m aufgestaut (der Stausee besitzt eine Fläche von 0,2 $km^2$). Die Wehranlage besteht aus einem 4 m breiten Grundablaß mit zweiteiliger Schütze, einer 10 m weiten Hochwasserschleuse mit Walzenverschluß und einem festen Überfall von 43 m Länge. Die Walze, welche eine Ausführung der Maschinenfabrik Augsburg-Nürnberg ist, besteht aus einem genieteten Blechzylinder mit einem aus Winkeleisen hergestellten Schild, der beiderseits mit Holzdielen abgedeckt ist. Die Bedienung der Walze und der Schützen kann von Hand und mit Motorantrieb erfolgen.

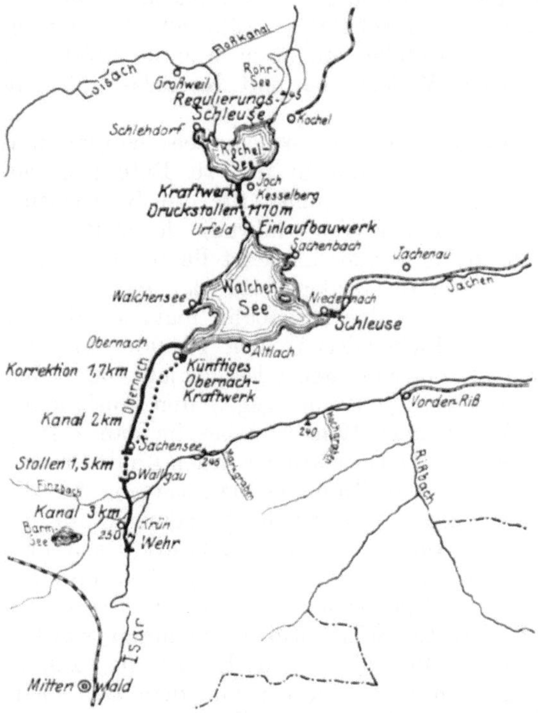

Das Windwerk ist derart ausgebildet, daß die Walze nach Loslassen der Handkurbel oder bei elektrischem Betrieb im Falle einer Stromunterbrechung in jeder Höhenlage stehen bleibt. Die jeweilige Stellung des Verschlußkörpers wird dem Bedienungspersonal durch eine Zeigvorrichtung sichtbar gemacht. In den Endstellungen des Wehrverschlusses wird der Antriebsmotor selbsttätig ausgeschaltet. Die gesamte Windwerksanlage ist geschützt untergebracht.

Die Stromzuführung bis zum Transformatorenhäuschen geschieht mit einer 6000 Voltleitung, die vom Kesselbachkraftwerk — einem in der Nähe des Walchenseekraftwerkes gelegenen Hilfskraftwerk — gespeist wird. Das Heben der Walze mit Motorantrieb kann in 20 Minuten bewerkstelligt werden, bei Handantrieb und 4 Mann Bedienung sind ca. 3 Stunden hierzu erforderlich. Die Fortsetzung der Wehranlage bis zum rechtsseitigen Ufer bildet ein 6 m hoher, 180 m langer Abschlußdamm. Grundablaß und Hochwasserschleuse sind imstande das höchstbekannte Hochwasser vom Jahre 1910 mit 160 cm³/sec abzuführen, ohne

Bild 61. Übersichts-Lageplan des Walchenseewerkes.

Bild 62. Wehranlage bei Krünn mit Stausee.

den festen Wehrkörper zu überfluten. Durch ein auf dem linken Isarufer und im unmittelbaren Anschluß an das Wehr errichtetes Einlaufwerk mit 6 Öffnungen tritt das Wasser,

Bild 63. Wehr bei Krünn. Einlauf.

nachdem es ein größeres Klärbecken durchströmt hat, durch eine Regulierschleuse in den Überleitungskanal, durch welchen dem Walchensee als Höchstwassermenge 25 m³/sec zugeführt werden können.

Bild 64. Dückereinlauf bei Krünn.

## b) Der Überleitungskanal von Krünn bis Wallgau.

Der betonierte Kanal mit einem Sohlengefälle von 0,3 ‰ folgt anfangs auf eine Länge von 3 km dem Rande der Hochuferterrasse der Isar bis Krünn, unterfährt auf der Strecke bis Wallgau mit einem Dücker den Finzbach und die Staatsstraße nach Mittenwald und geht bei Wallgau in einen 1500 m langen Freispiegelstollen über, der mit 12 $m^2$ Querschnitt die Wallgauer Höhenrücken durchquert und in den kleinen Sachensee mündet.

Der 140 m lange Dücker ist in einem rechteckigen Querschnitt von 2,80 m Höhe und 4 m Breite in Eisenbeton ausgeführt. Der zwischen Wallgau und Sachensee gelegene Stollen hat bei 3,80 m Höhe und 4 m Breite parabolische Form und ein Sohlengefälle von 0,9 ‰.

Bild 65. Einlaufbauwerk Urfeld. Gesamtansicht.

## c) Reguliertes Ablaufgerinne Sachensee—Walchensee.

Der Sachensee ist durch ein Stauwerk mit Überfall gegen das Obernachtal hin abgeschlossen. Vom Sachensee aus gelangt das Wasser durch eine Felsschlucht in ein künstliches mit Sperrenbauten versehenes Gerinne zur Obernach, dem eigentlichen Zufluß des Walchensees. Während der ersten Betriebsjahre fließt das im Sachensee geklärte Isarwasser durch den Sachengraben und die Obernach zu dem 60 m tiefer gelegenen Walchensee ab. Zur Ausnützung des auf dieser Strecke vorhandenen Gefälles von rd. 60 m soll im II. Ausbau des Walchenseewerkes vom Sachensee ein 4 km langer, für 16 $m^3$/sec bemessener Stollen abgezweigt und bei Obernach ein Kraftwerk errichtet werden. Die Maschinenleistung dieses für automatischen Betrieb einzurichtenden Kraftwerkes wird rd. 7000 kW betragen, die Jahresarbeitsmenge 40,5 Mio kWh.

Die Energie des Obernachwerkes wird durch eine 10,1 km lange Kabelleitung mit 25 kV Spannung dem Walchenseewerk zugeführt werden.

## d) Absperrschleuse des Walchensees.

Um den Walchensee als Vorrats- und Ausgleichsbecken benützen zu können, wird dessen natürlicher Abfluß, die Jachen, durch eine Regulierungsschleuse mit 2 Öffnungen von je

7 m Weite, welche künftig nur mehr die Hochwasser des Walchensees abzuführen hat, abgesperrt. Die Schleusenverschlüsse wurden zweiteilig ausgebildet, die unteren Schützentafeln kommen mit ihrer oberen Kante auf den normalen Seespiegel zu liegen und sollen den selbsttätigen Abfluß des Walchenseewassers von diesem Wasserstand an ermöglichen. Die oberen Tafeln dienen zum vollständigen Abschluß des Walchensees bei höherem Wasserstand.

## B. Anlagen zwischen Walchensee und Loisachmündung.

Die Hauptanlagen des Walchenseekraftwerkes liegen naturgemäß zwischen dem Walchensee und dem Kochelsee.

Bild 66. Einlaufbauwerk Urfeld. Einlauf mit Feinrechen.

### a) Einlaufbauwerk bei Urfeld.

Das zum Walchensee übergeleitete Isarwasser und das Wasser des Walchensees wird einem Einlaufbauwerk bei Urfeld zugeführt, an das sich der Druckstollen anschließt. Das Einlaufbauwerk besteht aus einem kurzen, gegen den Walchensee sich trichterförmig erweiternden, 12 m breiten Kanal. Dieser ist mit einem Feinrechen versehen und an der

Rechenstelle 13 m breit. Hinter dem Feinrechen, der eine Fläche von $2 \times 6$ m Höhe und 13,75 m Breite bedeckt und aus 12 einzelnen Tafeln besteht, verengert sich der Kanal wieder, um allmählich in den anschließenden Druckstollen überzugehen. Die Durchflußweite zwischen den einzelnen Rechenstäben beträgt bei den oberen Tafeln 20 mm, bei den unteren 25 mm. Der Querschnitt der Stäbe ist $200 \times 10$ mm. Außerdem sind sie vorne und hinten zur Erzielung geringsten Gefällsverlustes parabelförmig abgerundet.

Bild 67. Einlaufbauwerk Urfeld. Blick in die Schützenkammer (hintere Schütze hochgezogen).

Für das Einsetzen der Rechentafeln sowie für die Auswechslung derselben bei Reinigung wurde ein Bockkran von 10 t Tragfähigkeit errichtet.

Für den Abschluß des Einlaufes sind aus Sicherheitsgründen 2 Abschlußschützen vorgesehen, die im Felsmassiv hinter dem Stolleneinlauf in 2 hintereinander liegenden getrennten Schächten angeordnet sind. Die Schützen sind als Rollschützen konstruiert und bestehen bei einem Ausmaß von $5 \times 5$ m aus einem Rahmen aus eisernen Doppel-T-Trägern und 14 mm starken Blechwänden. Die Dichtung wird an der Stollensohle durch einen im Schützenfuß eingebauten eichenen Holzbalken, seitlich durch Dichtungsleisten, die durch federnde Stahlbleche vom Wasser an die Stollenwandung angepreßt werden und am Stollenscheitel durch eine eiserne Anschlagleiste mit aufgeschraubtem Gummistreifen bewirkt.

Zum Schließen und Öffnen der Schützen ist in einer über den beiden Schützenschächten liegenden Kammer ein Windwerk eingebaut, welches sowohl von Hand als auch maschinell betätigt werden kann. Durch Umschalten ist der Antrieb der einen oder anderen Schütze möglich; die gleichzeitige Bewegung der beiden Schützen verhindert eine Verriegelungseinrichtung.

Der jeweilige Stand der Schützen ist auf einer horizontalen Skala ersichtlich. Einem Überziehen der Schützen ist durch Endausschalter, welche die Stromzuführung in der betreffenden Stellung unterbrechen, vorgebeugt. Nach dem Hochziehen können die Schützentafeln zur Entlastung der Seile und des Windwerkes vermittels Haken an die Seilrollenträger aufgehängt werden. Im Windwerk sind die erforderlichen Bremsen zur Regelung der Senkgeschwindigkeit der Schützen angebracht.

Die gesamte Windwerk- und Krananlage wurde von der Firma Noell, Würzburg, ausgeführt.

## b) Druckstollen vom Einlaufbauwerk zum Wasserschloß.

Das Betriebswasser für das Maschinenhaus wird dem Walchensee durch einen 1200 m langen Stollen entnommen, der den See bei Urfeld so tief unter dem Wasserspiegel anschneidet, daß auch bei abgesenktem See der Stollenscheitel noch genügend tief unter Wasser liegt. Der Druckstollen hat kreisförmiges Profil von 4,8 m Durchmesser, besitzt ein Gefälle von $3\,^0/_{00}$ und gestattet eine Wassermenge von 64 $m^3$/sec mit einer Geschwindigkeit von 3,5 m/sec dem am Nordhange des Kesselberges befindlichen Wasserschloß zuzuführen.

Bild 68. Kraftwerk, Rohrbahn und Wasserschloß.

## c) Wasserschloß, Seilbahn und Rohrbahn.

Die Lage des Wasserschlosses ist aus den Bildern 68 und 69 zu ersehen. Aus letzterem Bilde läßt sich zugleich auch die Gesamtanordnung des Kraftwerkes und der zugehörigen Anlagen entnehmen. Das Wasserschloß ist ein in die Berglehne eingesprengtes rechteckiges Bauwerk von rd. 450 $m^2$ Bodenfläche und 36 m Gesamthöhe. Das Fassungsvermögen beträgt 10000 $cm^3$. Diese Wassermenge hat sich als notwendig erwiesen, um bei Belastungsänderungen im Kraftwerk den plötzlichen Mehrbedarf bzw. Überschuß an Betriebswasser dem Wasserschloß so lange entnehmen bzw. in ihm aufspeichern zu können bis sich in dem Zulaufstollen die den neuen Belastungsverhältnissen entsprechende Wassergeschwindigkeit eingestellt hat.

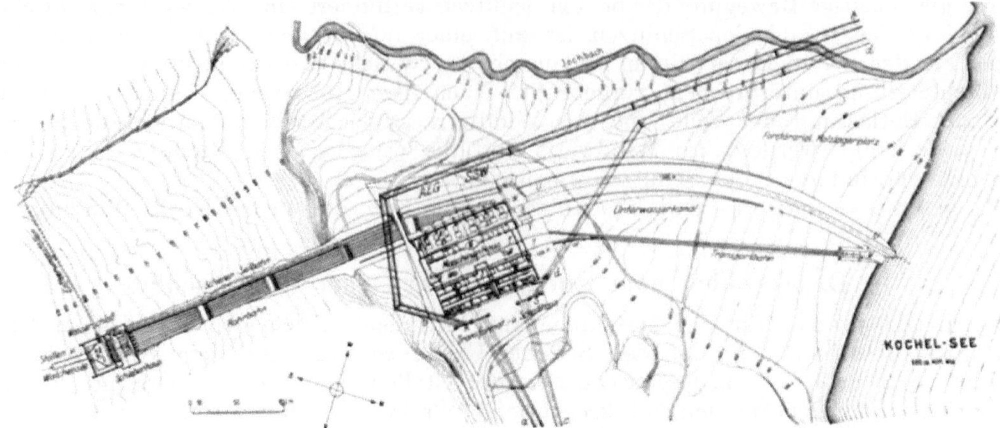


Eild 69. Lageplan des Walchenseekraftwerkes.

Nach den durchgeführten Berechnungen soll bei plötzlicher Entlastung um 72000 kW, was einer Wasserentnahme von rd. 60 $m^3$/sec entspricht, ein Steigen des Wasserspiegels im Wasserschloß um 7,82 m eintreten. Versuche, um das rechnerische Ergebnis nachzuprüfen, konnten bis jetzt nicht vorgenommen werden. Es mag einem späteren ausführlichen Artikel vorbehalten sein, über die durch Versuche gewonnenen Ergebnisse Näheres zu berichten.

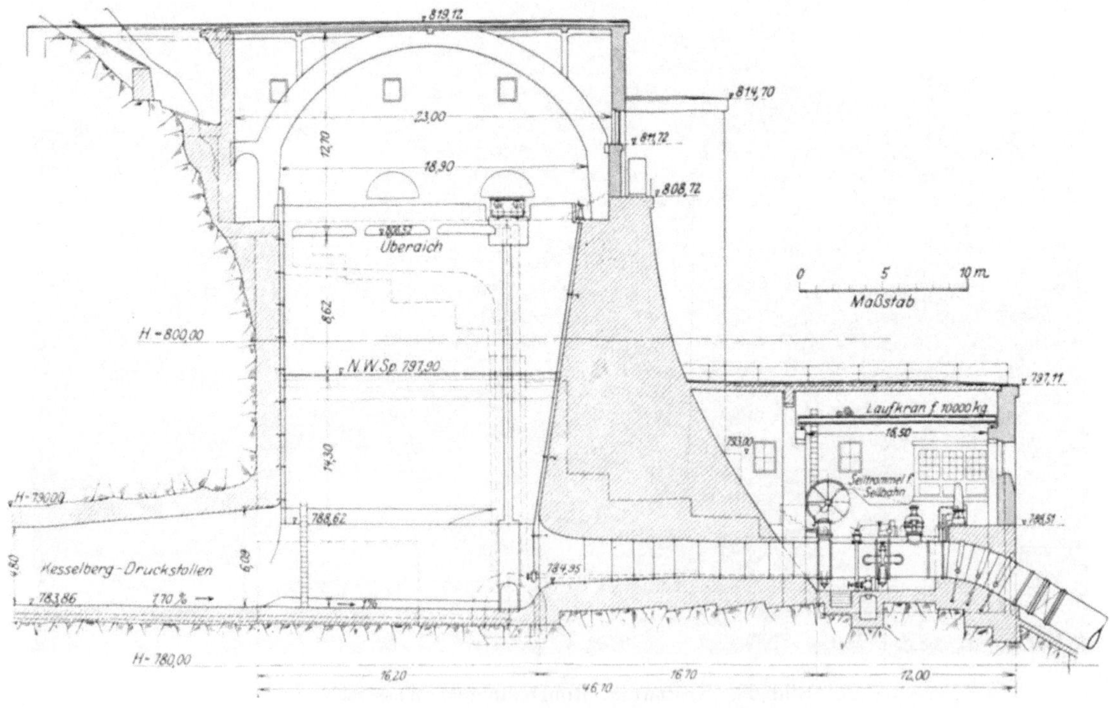


Bild 70. Schnittzeichnung des Wasserschlosses.

Die bis jetzt im Betriebe gemachten Erfahrungen zeigen, daß durch Entlastung hervorgerufene Pendelungen des Wasserspiegels im Wasserschloß eine Periodendauer von rd. 360 sec haben. Bei plötzlicher Abschaltung von 45000 kW auf der Drehstromseite und bei einer bleibenden Belastung von rd. 8000 kW auf der Einphasenseite, entsprechend einer plötzlichen Änderung der Wasserentnahme um rd. 37 $cm^3$, wurde eine größte Hebung des Wasserspiegels um 2,7 m bei einem Seestand von — 3,07 m unter Normalkote beobachtet.

Auf Kote 806,52 des Wasserschlosses befindet sich ein Überfall, über welchen die Wassermengen, die sich bei anormalen Betriebsvorgängen ansammeln könnten, nach dem Entleerungsstollen geleitet werden. In erster Linie dient dieser jedoch, wie schon aus der Bezeichnung hervorgeht, der Entleerung des Wasserschlosses. Der Entleerungsstollen schließt an der tiefsten Stelle des Wasserschlosses an, hat eine Querschnittfläche von 3 m² und eine Länge von 180 m; er verläuft in südwestlicher Richtung und mündet schließlich in einen Wildbach.

Bild 71. Fertiges Wasserschloß.

Durch die talseitig als 24,5 m hohe Staumauer ausgebildete Vorderwand des Wasserschlosses, welche eine Fundamentbreite von 16 m und eine Kronenbreite von 5 m besitzt, führen 6 einbetonierte Druckleitungen von je 2250 mm l. W. zunächst in das vorgelagerte Apparatehaus, in welchem die Abschlußorgane der Druckleitungen untergebracht sind. Diese bestehen je Rohr aus 2 hintereinandergeschalteten Drosselklappen aus Stahlguß, von denen jeweils die nach der Staumauer zu gelegene von Hand, die andere durch Drucköl und vermittels Fernsteuerung vom Krafthaus aus betätigt werden kann bzw. sich auch vom Apparatehaus aus mit der Hand verstellen läßt; die Rohrbruchautomaten (Stauscheiben) schließen selbsttätig bei 20% Geschwindigkeitssteigerung des Betriebswassers in der Druckleitung. Das hierfür erforderliche Drucköl von 20 at wird durch elektrisch angetriebene Pumpen gefördert. Bei Störungen erfolgt der Antrieb der Pumpen durch eine kleine Peltonturbine von 6 PS Leistung, die unmittelbar

Bild 72. Innenansicht des Wasserschlosses. Fassungsvermögen 10000 cbm Wasser.

Bild 73a. Tiefblick in das Wasserschloß.
(Von der Galerie aus gesehen; links Stollenmund, rechts Rohreinläufe, in der rechten hinteren Ecke Entleerungsschleuse.)

Bild 73b. Rohreinläufe im Wasserschloß.

vom Wasserschloß her gespeist wird und beim Sinken des Öldruckes unter eine gewisse Grenze selbsttätig anspringt.

Sämtliche Drosselklappen sind mit Zeigerwerken versehen, die die jeweilige Stellung der Klappen im Apparatehaus ersichtlich machen. Eine Fernmeldeeinrichtung ermöglicht außerdem, die jeweilige Klappenstellung auch im Krafthaus zu erkennen.

Um bei etwaigem Entstehen von Unterdruck in den Rohrleitungen ein Eindrücken der Rohre durch den äußeren Atmosphärendruck hintanzuhalten, ist jede Rohrleitung hinter der automatischen Drosselklappe mit einem selbsttätigen Belüftungsventil von 750 mm lichter

Bild 74. Apparatehaus des Wasserschlosses, selbsttätige Drosselklappen und Druckölanlage. Im Hintergrund Antrieb für die Seilbahn.

Durchgangsweite versehen, das sich bereits bei einem in der Rohrleitung auftretenden Vakuum von 10% öffnet. Das Belüftungsventil ist zugleich mit einem Entlüftungsventil verbunden, das insbesondere beim Anfüllen einer Rohrleitung in Tätigkeit zu treten hat.

Für Montage und Überholungsarbeiten ist in dem Apparatehaus ein einfacher, von Hand betätigter Laufkran von 10 t Tragkraft und 11,5 m Spannweite vorgesehen.

Ebenfalls im Apparatehaus ist das elektrisch betriebene Windwerk für die neben der Rohrbahn verlaufende Seilbahn angeordnet. Diese wurde als 2-Schienen-Seilbahn ausgeführt und dient jetzt, nachdem die Montagearbeiten beendigt sind, der Personenbeförderung. Die

Achse dieser Bahn läuft im Abstand von 6,8 m parallel zum äußersten, westlichen Rohrstrang. Zur Verringerung des Kraftbedarfes ist mit Hilfe eines Ausweichgleises ein Pendelverkehr mit 2 Wagen vorgesehen, von denen sich der eine aufwärts, der andere abwärts bewegt. Um das Umlenken der Wagen an der Ausweichstelle zu bewerkstelligen, wurden die äußeren Räder der Wagen mit doppelten Spurkränzen versehen. Die Spurweite ist 1 m, die größte Neigung der Bahn beträgt 41°. Der Antrieb des Windwerkes erfolgt durch einen Drehstrommotor von 33 PS Leistung. Die Fahrgeschwindigkeit für den Personenverkehr beträgt 1,2 m/sec. Zur Sicherung des Betriebes sind an der zweiten Vorgelegewelle des Antriebmotors 2 Bremsen vorgesehen, von denen die eine mittels Hand, die andere selbsttätig zur Wirkung gebracht wird, falls sich die Fahrgeschwindigkeit um 20% erhöht. Bei Stromunterbrechung bewirkt eine elektromagnetische Bremse das Stillsetzen des Windwerkes. Zur weiteren Sicherung ist ein Fangseil angeordnet, an welches sich die Wagen bei evtl. Zugseilbruch festklemmen. Das Fangseil ist ein endloses Seil, welches sich an der oberen Station in mehreren Windungen um eine Trommel schlingt, an der unteren Station um eine Spannschraube läuft und durch eine Spindel angespannt wird. Unter den beiden Wagen wird das Fangseil durch Rollen so geführt, daß es durch die geöffneten Bremsbacken der selbsttätigen und der Handbremse der Wagen geht, ohne die Backen zu berühren. Schienengreifer verhindern das Entgleisen der Wagen. Die Wagen sind gewöhnliche Plattformwagen mit 2 Achsen.

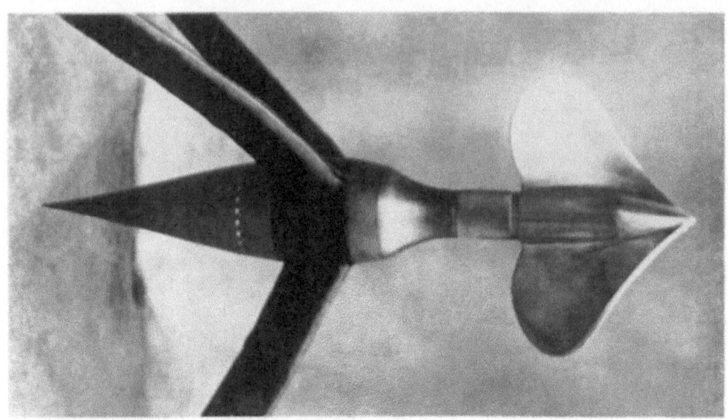

Bild 75a.

Bild 75b.

Bild 75a u. b. Meßflügel der Firma Ott, Kempten, für die Wassermessung in den Druckleitungen.

Vom Apparatehaus führen die 6 Druckleitungen auf der 430 m langen Rohrbahn das Betriebswasser zu dem 180 m tiefer gelegenen Maschinenhaus. Auf der Rohrbahn sind die Rohre in üblicher Weise gelagert und werden in 6 Festpunkten verankert. Der Längenänderung der Rohre bei Temperaturschwankungen ist durch Einbau von Expansionsstopfbüchsen Rechnung getragen. Diese sind unmittelbar unterhalb eines jeden Fixpunktes angeordnet und bewirken, daß durch Längenänderungen der Rohre auftretende zusätzliche Spannungen im Rohrmaterial und unzulässige Schübe auf die Festpunkte vermieden werden. Der Abstand der Druckleitungen geht von 4,40 m im Schieberhaus auf 3 m beim 2. Festpunkt, gerechnet vom Wasserschloß aus, zurück. Der lichte Durchmesser der Rohre beträgt vor den Einläufen im Krafthaus nur mehr 1850 mm, die Rohre sind für einen Überdruck von mindestens 40% berechnet, aus Siemens-Martin-Flußeisenblechen zusammengenietet und haben nur eine Längsnaht. Die Fabrikationslänge der einzelnen Rohre beträgt 8 m. Jedes Rohr besteht aus 3 genieteten Schüssen, deren Längsnähte um 180° versetzt sind. Die Verbindung der Schüsse untereinander sowie der einzelnen Rohre und die Herstellung der Längsnähte erfolgte bis zum oben erwähnten 2. Festpunkt durch Überlappung, von hier ab durch Laschennietung, um eine größere Sicherheit bei dem steigenden Druck in den Leitungen gegen das Krafthaus zu erreichen. Die Wandstärke der Rohre nimmt von 10 mm beim Wasserschloß bis auf 27 mm beim Krafthaus zu. Seitlich der Rohre ist eine Schußrinne angeordnet, um bei Rohrbrüchen die in dem Rohrteil zwischen Bruchstelle und selbsttätiger Drosselklappe befindlichen Wassermassen vorwiegend durch diese abzuleiten. Die Schußrinne mündet in das am Ende des Krafthauses angeordnete Tosbecken und von da in den Unterwasserkanal. Zur Wassermessung ist in jeder Druckleitung, und zwar kurz vor dem Übergang der Steilstrecke in die Horizontalstrecke der Rohrbahn ein Meßflügel der Firma Ott, Kempten, eingebaut. Wie nebenstehendes Bild zeigt, ist der Meßflügel in einem Dreibein befestigt,

Bild 76. Rohreinführungen in das Krafthaus und Tosbecken. Im Hintergrund Rohrbahn und Wasserschloß. Seitlich der Rohrbahn die Schußrinne.

welches in den Rohren so angeordnet wurde, daß die einzelnen Flügel gerade in der Rohrachse stehen. Die Schmierung der 6 Flügel erfolgt zentral von einem Meßhäuschen aus. Die Tourenzahl der Meßflügel wird elektrisch auf die im Krafthaus befindlichen Zählinstrumente übertragen. Für die einzelnen Flügel sind Eichkurven aufgenommen, welche gestatten, aus der Drehzahl der Flügel auf die in der Zeiteinheit durch den Rohrquerschnitt geflossene Wassermenge zu schließen.

## d) Unterwasserkanal, Loisach- und Isarkanal.

Nach Verlassen der Turbinen sammelt sich das Betriebswasser in dem Turbinenkanal, welcher sich in der Längsrichtung des Maschinenhauses hinzieht und gelangt durch einen rd. 400 m langen Unterwasserkanal von 6 m Sohlenbreite in den Kochelsee. Der Unterwasserkanal hat eine größte obere Breite von 50 m und eine größte Tiefe von 14 m.

Zur Aufnahme des durch den Betrieb des Walchenseewerkes dem Kochelsee und der Loisach künftig zugeleiteten Mehrwassers, welches im Höchstfall 20 $m^3$/sec betragen darf, wurde letztere durch Baggerungen und Korrektionsmaßnahmen entsprechend angepaßt. Von Beuerberg abwärts wird der Mehrabfluß in einem eigenen Kanal in die Isar übergeführt.

Dieser wurde mit Rücksicht darauf, daß späterhin auch Loisachwasser in den Kanal übergeleitet werden soll, für 40 $m^3$/sec bemessen. Der Kanal ist rd. 10 km lang. Um eine bessere Hochwasserabführung zu erreichen, wurde das bestehende alte Wehr in Beuerberg, welches nur eine Floßgasse besaß, umgebaut und erweitert. Es besitzt jetzt 2 Grundablaßschleusen von je 4 m l. W., einen Fischpass und eine verschließbare Floßgasse von 7 m l. W.

Bild 77. Letzter Festpunkt der Rohrbahn vor dem Krafthaus.

## C. Das Kraftwerk.

Das eigentliche Kraftwerk gliedert sich in 2 durch einen Verbindungsbau zusammenhängende Gebäudeteile:

Das Krafthaus, bestehend aus dem Maschinensaal und dem Anbau, in welchem sich die Betriebsräumlichkeiten und die Büros befinden, und

das Transformatoren- und Schalthaus.

### a) Das Krafthaus.

Der Maschinensaal hat eine Länge von 105 m bei 22 m Breite. Die Fundamentsohle liegt 15 m unter Gelände; die Gründung erfolgte ebenso wie bei den Festpunkten der horizontalen Strecke auf fest gelagerten Moränenkies. Der Maschinenhausflur liegt mit

Rücksicht auf eine günstige Saughöhe rd. 3,5 m unter Geländehöhe. Die Gesamtanordnung der Maschinen, der Hilfsmaschinen, sowie die Einrichtungen des Transformatoren- und Schalthauses und der sonstigen Einrichtungen des Kraftwerkes sind aus den eingehefteten Tafeln zu ersehen, die den Grundriß und Schnitte durch das Krafthaus und die Transformatorenstation darstellen.

Die Fundamente, welche den Unterwasserkanal umfassen, sind sehr kräftig und sorgfältig ausgeführt, um einen ruhigen und vibrationsfreien Lauf der Maschinen zu sichern. Gebäude- und Maschinenfundamente bilden keine Einheit, sondern das Fundament der werkhofseitigen Gebäudewand wurde, um die anschließenden Betätigungs- und Bedienungsräume vor Erschütterungen durch Maschinenschwingungen zu schützen, durch eine Fuge getrennt.

Bild 78. Blick in den Maschinensaal.

Im Maschinensaal fanden 8 Hauptmaschinensätze mit einer installierten Dauerleistung von 123000 kVA und 2 Hilfsmaschinensätze von 1100 kVA Leistung Aufstellung.

Von den 8 Aggregaten dienen 4 zur Drehstrom- und 4 zur Einphasenstromerzeugung. Die Trennung der Anlage in den Drehstrom- und den Einphasenteil findet vom Wasserschloß ab statt und zwar dienen 4 Druckleitungen zur Versorgung des ersteren, 2 Druckleitungen, welche sich vor dem Krafthaus in je 2 Rohre gabeln, des letzteren Teiles.

Die 4 Drehstromgeneratoren werden von horizontalachsigen Francis-Doppelspiralturbinen von je 24000 PS Leistung für 197 m Gefälle und 500 Umdrehungen in der Minute angetrieben, die 4 Einphasengeneratoren durch horizontalachsige Zwillings-Freistrahlturbinen von je 18000 PS Leistung für 192 m Gefälle und 250 Umdrehungen in der Minute; insgesamt ist also eine Maschinenleistung von 168000 PS installiert.

Die Verschiedenheit des Gefälles um 5 m entspricht der Saughöhe der Francis-Turbinen bzw. dem Freihang der Freistrahlturbinen.

Vom Maschinen- und Schalthaus wird infolge des für die Einphasengeneratoren und die zugehörigen Transformatoren erforderlichen großen Platzbedarfes je eine Hälfte für den Drehstrom- bzw. für den Einphasenteil in Anspruch genommen. Der große Platzbedarf der für geringere Dauerleistungen gebauten Einphasengeneratoren wird verursacht einerseits durch die niedrigere Tourenzahl dieser Generatoren — 250 Umdrehungen/Minute für Einphasen-, 500 Umdrehungen/Min. für Drehstromerzeuger — andererseits durch die geringere Ausnützungsmöglichkeit des aktiven Eisens bei Einphasenwechselstrom und durch die geforderte hohe Überlastbarkeit der Bahngeneratoren. Aus letzteren Gründen bedingen auch die Einphasen-Transformatoren dieselben Ausmaße für die Zellen wie die in der Leistung größeren Drehstrom-Transformatoren.

Die Aufstellung zweier verschiedener Turbinentypen im Walchenseewerk ist begründet in den Verwendungszwecken der mit ihnen direkt gekuppelten Stromerzeuger.

Die Doppel-Spiralturbinen ergeben bei den für die Drehstromerzeuger verlangten 500 Umdrehungen in der Minute die besten hydraulischen Verhältnisse, die sie gegenüber der Einfach-Spiralturbine und der Zwillings-Spiralturbine mit 2 Gehäusen und 2 Laufrädern und zwischen ihnen liegenden Doppelsaugkrümmern empfehlen. Die Ausführung mit wagrechter Welle ermöglicht eine gute Zugänglichkeit aller Teile und einen guten Überblick. Demgegenüber ist für den Bahnbetrieb die Freistrahlturbine zum Antrieb der Einphasen-

Bild 79. Drehstrommaschinensatz.

Leistung: 16000 kW bei $\cos\varphi = 0{,}8$. | Spannung: 6600 Volt.
Drehzahl: 500/Min. | Frequenz: 50/Sek.

generatoren im Vorteil. Der Bahnbetrieb beansprucht die Turbinen den größten Teil der Zeit nur mit einem Bruchteil der Höchstleistungsfähigkeit, die den Antriebsmaschinen mit Rücksicht auf die Belastungsstöße gegeben werden muß. Häufig läuft die Turbine überhaupt im Leerlauf. Für diese Verhältnisse ist die Freistrahlturbine sowohl hinsichtlich des Wirkungsgrades, als auch bezüglich der Haltbarkeit und mit Rücksicht auf ihren weit sparsameren Wasserverbrauch bei Leerlauf der Spiralturbine überlegen.

Sämtliche Turbinen sind wegen des gemeinsamen Ableitungskanals in gleicher Flucht senkrecht zur Längsrichtung des Maschinenhauses aufgestellt.

Bild 79 zeigt einen vollständigen Drehstrommaschinensatz.

### 1. Francisturbinen.

Wie bereits erwähnt, sind die Francisturbinen als Doppelspiralturbinen mit wagrechter Welle ausgeführt, also mit einem senkrecht von unten eingeführten Einlauf, einem Spiral-

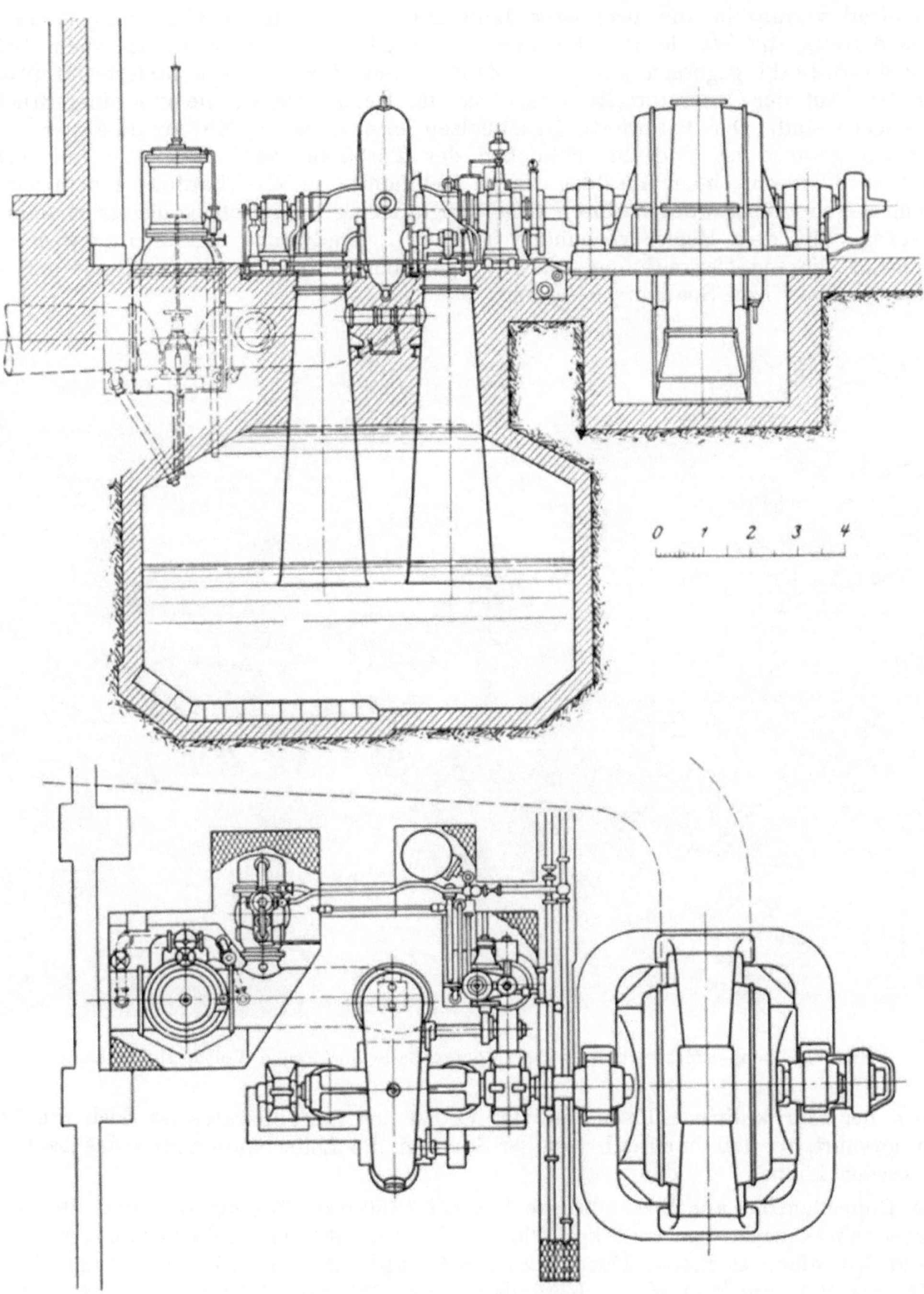


Bild 80. **Francis-Doppelspiralturbine. Aufriß und Grundriß.**

| | |
|---|---|
| **Leistung:** | **24000 PS.** |
| **Nutzgefälle:** | **197 m.** |
| **Wassermenge:** | **11,4 cbm/Sek.** |
| **Drehzahl:** | **500 i. d. Min.** |

gehäuse, einem nach 2 Seiten ausgießenden Laufrad, 2 Saugkrümmern und 2 Saugrohren. Das Spiralgehäuse ist einteilig aus Stahl gegossen, hat ein Gewicht von 11 t, einen größten Durchmesser von 4,3 m und eine lichte Einlaufweite von 1,2 m. Die Zuleitung des Wassers zum Laufrad vermitteln die drehbaren Leitschaufeln, die im Gewicht von je 53 kg mit ihren beiderseits die Wände des Leitrades durchdringenden Zapfen aus einem Stück in Siemens-Martin-Stahl gegossen sind. Die Zapfen sind durch fettgeschmierte Stopfbüchsen abgedichtet. Auf der Generatorseite tragen sie die Regulierhebel, die mit einer Bruchsicherung versehen sind. Der kalibrierte Druckbolzen bricht, wenn ein Fremdkörper zwischen 2 Schaufeln geraten ist und das Schließen der Turbinen verhindert. Die frei werdende Schaufel wird durch einen Anschlag daran gehindert, in das Laufrad hineinzuschlagen. Sämtliche Regulierhebel werden durch einen Regulierring angetrieben, der seinerseits durch ein Gestänge mit dem Regler verbunden ist. Die Leitradwände, der Spalt zwischen Leit- und Laufrad, die sog. Deckelräume und der Spalt im Laufradaustritt sind mit auswechselbarer Schutzplatte bzw. Spaltringen bewehrt.

Bild 81. Doppelspiralturbine in der Montagehalle der Firma Voith, Heidenheim.

Trotz der sehr kräftigen Form und der Größe des Leitapparates ist doch die Zugänglichkeit gewahrt, so daß innerhalb weniger Stunden die Leitschaufeln und das Laufrad freigelegt werden können.

Das Doppellaufrad aus Spezialbronze hat bei 1550 mm Durchmesser und 204 mm Eintrittsbreite ein Gewicht von 1800 kg. Die mit Laufrad 8 t wiegende Turbinenwelle ist 6 m lang und hat einen stärksten Durchmesser von 440 mm. Sie wird von einem Traglager von 400 mm Bohrung und einem Kammlager von 220 mm Bohrung gestützt, von denen das erste Schalenkühlung, das letzte Innenkühlung der Welle besitzt. Die Welle trägt außer dem Laufrad die Riemenscheiben zum Ölpumpen- und Pendelantrieb des Reglers und einen angeschmiedeten Kupplungsflansch zur starren Verbindung mit der Generatorwelle. Die Welle durchdringt die beiden Saugkrümmer in Labyrinth-Dichtungen. Die Dichtungen sind mit gefiltertem Sperrwasser aus der Kühlwasserleitung gefüllt, um das Einsaugen von Luft und den Austritt von Wasser während der Anlaufperiode in den Maschinenraum zu verhindern.

Die beiden 875 mm weiten Saugkrümmer sind in der senkrechten Mittelebene geteilt und setzen sich in 2 je 6,3 m lange Saugrohre fort, deren untere Lichtweite 1,8 m beträgt.

Der senkrechte Einlauf des Spiralgehäuses ist durch einen Einlaufkrümmer mit dem halb versenkt aufgestellten Absperrschieber von 1200 mm Lichtweite verbunden. Der Schieber ist des hohen Druckes wegen mit rundem Gehäuse aus Stahlguß hergestellt. Der Kolben, welcher den Schieber beim Öffnen und Schließen betätigt, erhält sein Betriebswasser aus der Druckleitung. Dabei kann mittels einer Umgehungsleitung der Schieberkeil zur Schonung seiner Dichtungsflächen vor dem Öffnen entlastet werden. Die lotrechte Anordnung des Schiebers bietet den Vorteil, daß alle Schieberteile ohne weiteres vom Laufkran erfaßt werden können. Die Entleerungsleitungen sind vor dem Turbinenschieber am Druckrohr und am Spiralgehäuse angebracht.

Die Verstellung der Leitradschaufeln entsprechend der durch den Energiebedarf des Generators geforderten Wassermenge bewirkt ein hydraulischer Geschwindigkeitsregler der bekannten Voithschen Konstruktion, der neben dem Hauptlager der Turbinen aufgestellt ist. In seinem Sockel ist die Zahnradpumpe zur Erzeugung des Öldruckes für den Arbeitszylinder, welcher den Reglermechanismus betätigt, eingebaut. Das Öl wird gekühlt und von der Pumpe durch ein selbsttätig umsteuerndes Überstromventil zwischen Windkessel und Pumpe drucklos in den Ölbehälter zurückbefördert, solange im Windkessel ausreichender Druck vorhanden ist. Der Windkessel ist im Maschinenhausboden versenkt aufgestellt. Die Ölleitungen aller Regler sind untereinander verbunden und außerdem an eine Reservepumpe mit Elektromotorenantrieb angeschlossen.

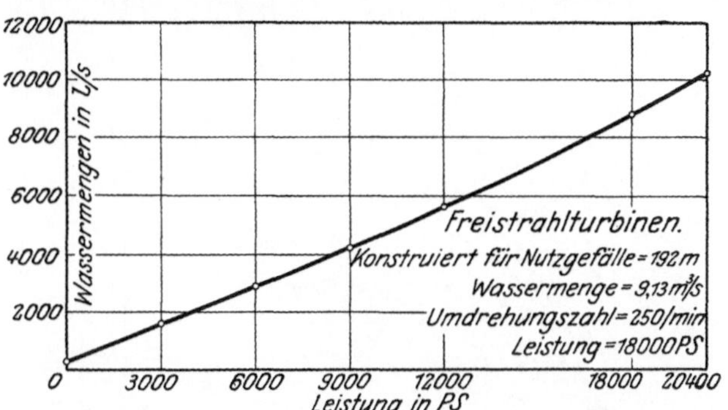


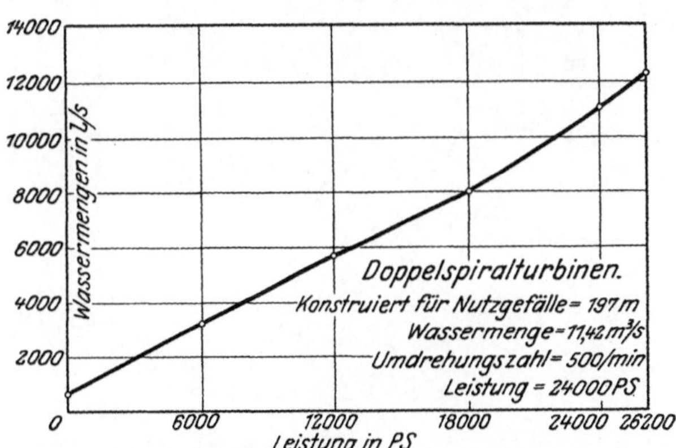


Bild 82. Wassermengencharakteristik für die Doppelspiralturbinen und die Freistrahlturbinen.

Die Regler besitzen eine Vorrichtung zum Verstellen der Drehzahl um $5\,^0/_0$ nach oben und beliebig nach unten, weiterhin eine Vorrichtung zur Einstellung des Ungleichförmigkeitsgrades der Geschwindigkeit zwischen Vollast und Leerlauf auf beliebig geringen Wert, sowie eine Einstellvorrichtung für die Reglermuffe zur Begrenzung des Reglerhubes und Beschränkung der Beaufschlagung der Turbinen, außerdem eine Abstellvorrichtung, die im Falle des Bruchs oder Abgleitens des Antriebriemens für das Fliehkraftpendel in Tätigkeit tritt und endlich auch Handregelung, zu der jederzeit ohne Störung des Betriebs übergegangen werden kann.

Als Reglergenauigkeit ist gewährleistet, daß bei Ent- und Belastungen um $25\,^0/_0$ keine größeren bleibenden Drehzahländerungen als solche von $+ 3\,^0/_0$ bzw. $- 4\,^0/_0$ und bei plötzlicher Entlastung der voll beaufschlagten Turbine, also Wegnahme von 24000 PS, solche von höchstens $12\,^0/_0$ auftreten.

Die dadurch bedingte Schließgeschwindigkeit würde zu großen Druckstößen in der Druckleitung Veranlassung geben. Zu ihrer Verhütung ist an einem seitlichen Stutzen des Einlaufkrümmers ein Druckregler angeflanscht, der dem zuströmenden Wasser bei Entlastung der Turbine zunächst einen Nebenauslaß ins Unterwasser öffnet und ihn allmählich wieder schließt. Dadurch wird die Drucksteigerung auf $10\,^0/_0$ begrenzt. Gegen die Folgen eines Versagens des Druckreglers schützt eine Sicherungsvorrichtung, die im Falle einer Störung am Druckregler den hydraulischen Regler der Turbine nur so langsam schließen läßt, daß jede Drucksteigerung über $40\,^0/_0$ ausgeschlossen ist.

Die Abnahmeversuche konnten mit Rücksicht auf den Betrieb bis jetzt noch nicht durchgeführt werden, doch haben die Spiralturbinen sich bis auf mehr als 26000 PS überlastbar erwiesen. Der Wirkungsgrad der Francis-Doppelspiralturbinen ist von der Firma Voith in Heidenheim, welche sowohl die 4 Turbinen für den Drehstrom- als auch die

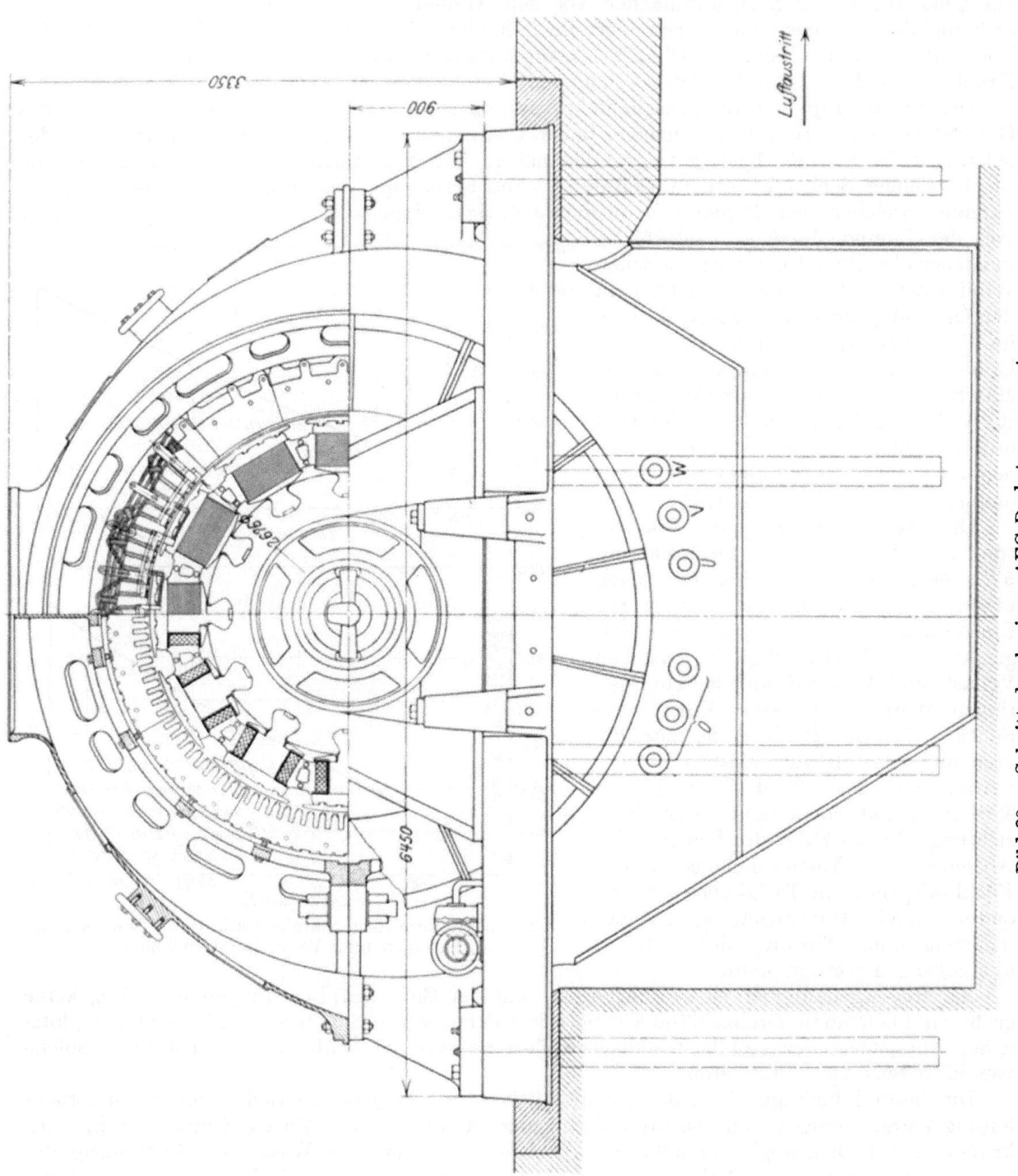


Bild 83a. Schnitt durch einen AEG-Drehstromgenerator.

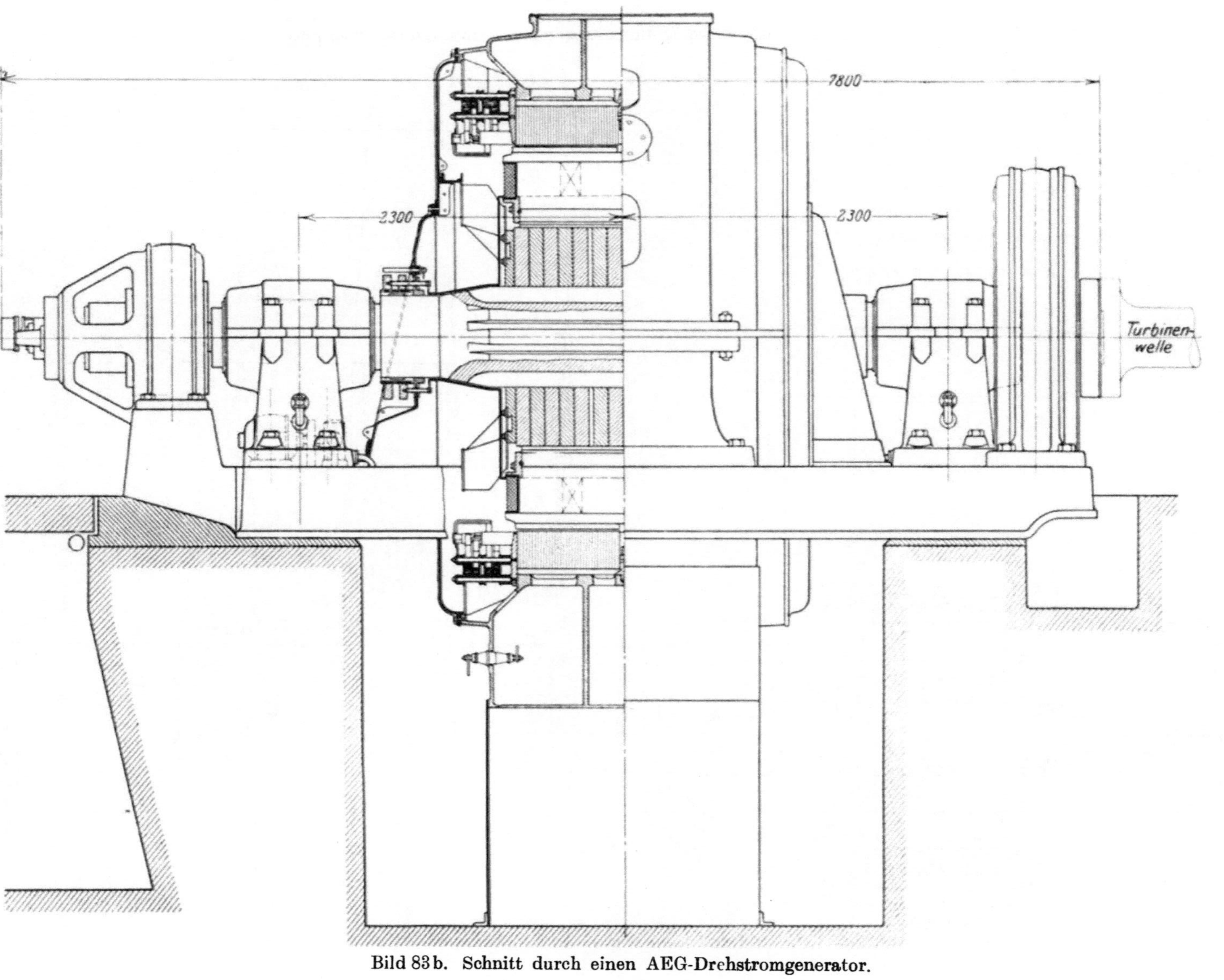


Bild 83b. Schnitt durch einen AEG-Drehstromgenerator.

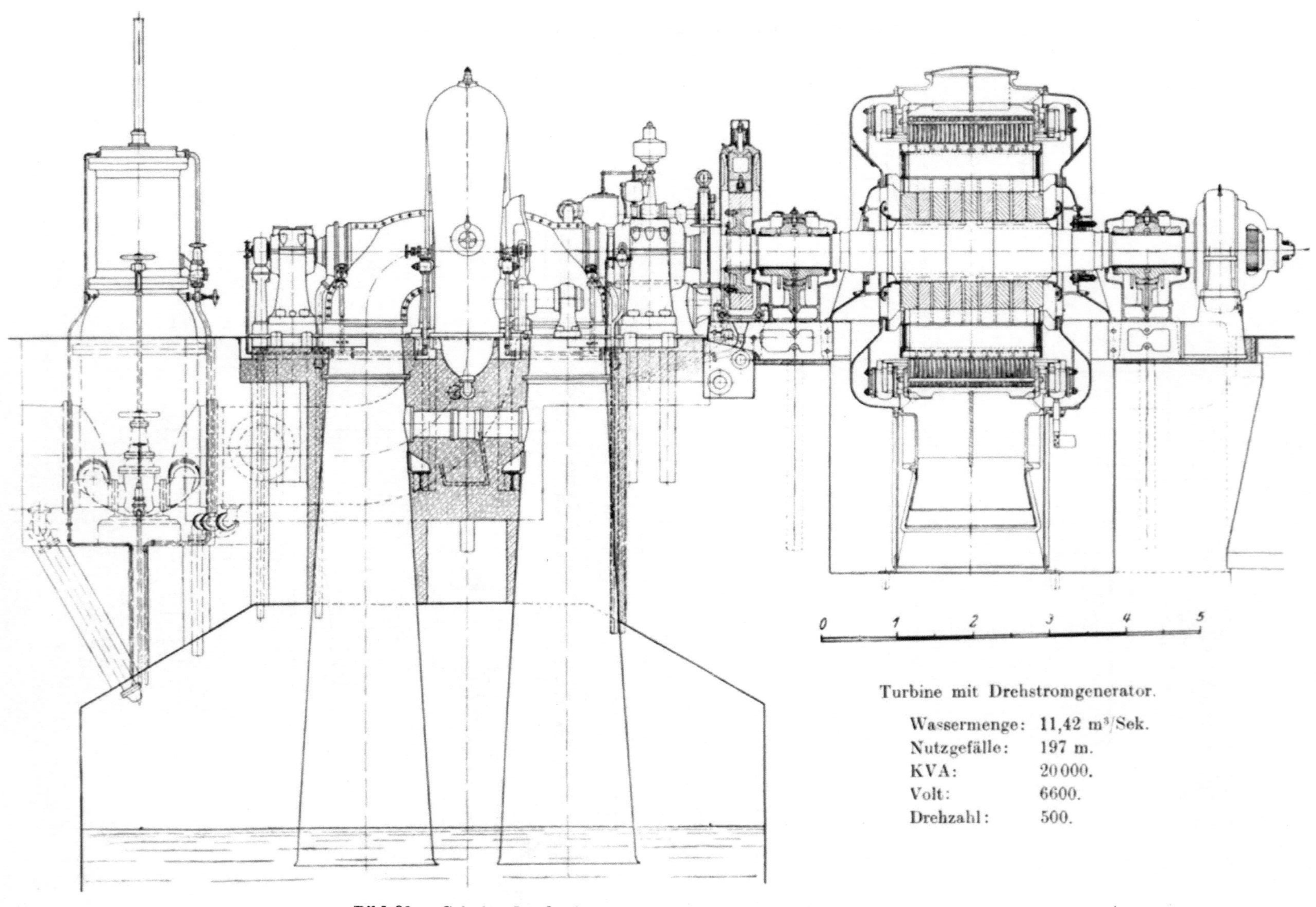


Bild 83c. Schnitt durch einen Bergmann-Drehstromgenerator.

4 Turbinen für den Einphasenteil lieferte, bei Vollast zu 80%, bei dreiviertel Last zu 82% und bei halber Last zu 78% garantiert.

## 2. Drehstromgeneratoren.

Die Drehstromgeneratoren, von denen zwei von der Allgemeinen Elektricitäts-Gesellschaft und zwei von den Bergmann-Elektricitäts-Werken erstellt wurden, sind für eine Dauerleistung von je 20000 kVA bei einer Klemmenspannung von 6600 Volt, 50 Perioden und 500 Umdrehungen/Min. gebaut. Der Leistungsfaktor beträgt 1 bis 0,8; sie vertragen eine Schleuderumlaufzahl, die 80% über der normalen Umlaufzahl liegt.

Die Generatoren sind zweilagerig ausgeführt und durch Kuppelflansch mit der Turbine verbunden. Gehäuse und Lager sowie Erregermaschine ruhen auf gemeinsamer Grundplatte. Die beiden Lager haben Preßölschmierung und außerdem Ringschmierung, damit die Lager gleich beim Anlaufen mit Öl versorgt werden und der Generator bei einem während des Betriebes auftretenden Defekt in der Spülschmierung noch einige Zeit weiter betrieben werden kann.

Um das Auftreten von Lagerströmen zu verhindern, ist das Außenlager von der Grundplatte isoliert.

Das Statorgehäuse ist als ein durch kräftige Rippen versteifter Hohlgußkörper ausgebildet. Der äußere Gehäusedurchmesser beträgt rd. 4,5 m. Die Füße besitzen Abdrückschrauben, welche ein genaues Zentrieren des Stators zum Rotor ermöglichen. Die Gehäusefüße ruhen nach Lüften der Stellschrauben mit der ganzen Fläche auf der Grundplatte, wodurch eine große Stabilität des Gehäuses erreicht wird.

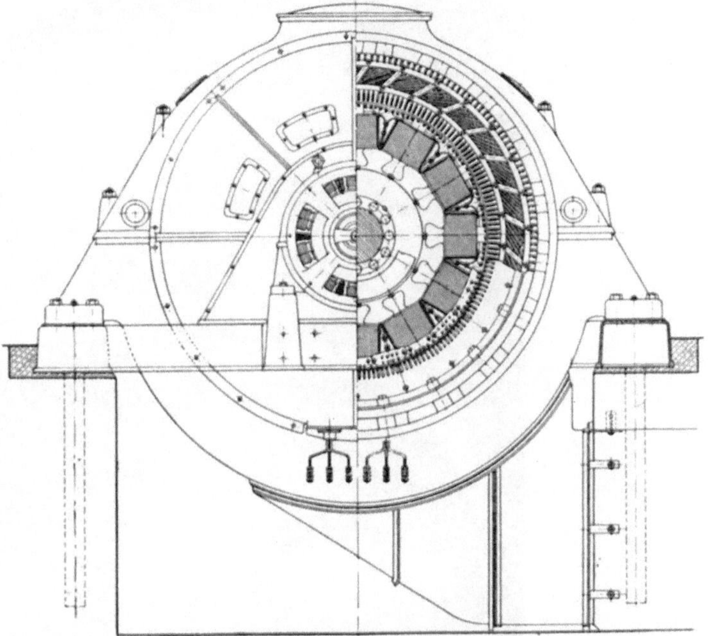

Bild 83c. Schnitt durch einen Bergmann-Drehstromgenerator.

Der aktive Eisenring besteht aus dünnen mit Seidenpapier beklebten Blechsegmenten und trägt im inneren Umfange die zur Aufnahme der Wicklung bestimmten offenen Nuten. Er ist im äußeren Umfang durch schwalbenschwanzartige Lineale befestigt und durch Stahlguß-Endplatten und Schraubenbolzen zusammengepreßt. Die Wicklung ist eine Stabwicklung. Die Stäbe, welche zwecks Verminderung der Kupferverluste durch Stromverdrängung aus einer größeren Anzahl innerhalb der Nut verdrillter Einzelleiter bestehen und mit Mikanit umpreßt sind, liegen in den offenen Nuten des Blechringes und sind durch schwalbenschwanzförmige Keile befestigt, so daß sie aus den Nuten in radialer Richtung herausgezogen werden können. Die Stirnverbindungen bestehen aus Flachkupferschienen, die mit Ölleinen und Baumwollbändern isoliert sind. Sie sind mittels Schellen aus Flachkupfer mit den Stäben verbunden. Die Stirnverbindungen sind durch kräftige Bolzen und Isolierplatten kurzschlußsicher gegen das Gehäuse abgesteift. Die Generatoren besitzen Eigenventilation, d. h. sie saugen die erforderliche Kühlluft aus dem Frischluftkanal durch eingebaute Ventilatoren, welche beiderseits des Rotors angeordnet sind, selbst an und drücken die Luft sowohl zwischen den Polen in die Luftschlitze des Gehäuses als auch durch die Spulenköpfe in den Gehäuserücken. Der Luftbedarf eines Generators beträgt rd. 41,5 $m^3$/sec. Es wird demnach innerhalb einer Betriebsstunde eine Luftmenge durch einen Generator gejagt, deren Gewicht gleich dem Eigengewicht eines Generators, nämlich rd. 150 t, ist. Die erwärmte Luft wird durch einen Abluftkanal ins Freie geführt; zum Teil kann sie auch durch eine im oberen Gehäuseteil befindliche, durch Jalousieklappen verschließbare Ausblaseöffnung zur Erwärmung des Maschinenhauses ausgeblasen werden. Die

Luftkanäle sind zur Steuerung der Belüftung durch Klappen verschließbar, welche zentral von einer Stelle aus in unmittelbarer Nachbarschaft des Generators bedient werden.

Mit Rücksicht auf die bei der Durchgangsdrehzahl auftretenden außerordentlich hohen Beanspruchungen ist der Rotorkörper aus Scheiben aus vergütetem Siemens-Martin-Stahl aufgebaut, welche auf die Welle aufgeschrumpft und an deren Umfang die massiven Pole durch Schwalbenschwänze befestigt sind. Welle, Scheiben und Pole bestehen aus bestem Siemens-Martin-Stahl. Die Polwicklung besteht aus hochkant gewickelten durch Papierzwischenlagen isolierten Flachkupferwindungen, welche unter hohem Druck im Vakuum

Bild 84. Dämpferwicklung des Bergmann-Drehstromgenerators von der Turbinenseite aus gesehen.

zusammengebacken wurden, so daß jede Spule einen festen Körper bildet und Verlagerungen beim Leerlauf vorgebeugt ist.

Der Rotor der Bergmann-Maschinen besitzt eine stark ausgeprägte Dämpferwicklung, deren kupferne Stäbe nicht nur am Polkörper, sondern auch zwischen den Polen angeordnet sind.

Durch die Art der Ausführung der Gehäusewicklung und die Formgebung der Pole wurde eine besonders reine Spannungskurve erzielt, wie Bild 85 zeigt.

Jeder Drehstromgenerator ist mit einem direkt gekuppelten Erregeraggregat von 220 Volt Spannung ausgerüstet, das aus zwei Erregermaschinen besteht. Die Hilfserregermaschine ermöglicht die Fremderregung der Haupterregermaschinen. Die Anordnung hat den Zweck, die zu regulierenden Ströme zu verringern, um die Verluste so klein als irgend möglich zu halten. Die Spannungsregulierung erfolgt selbsttätig durch einen Schnellregler, der auf das Feld der Hilfserregermaschine einwirkt. Beachtenswert ist die Feinstufigkeit der Regulierung. Die Spannungsabstufungen der Regulatoren betragen im höchsten Fall bei nacheilendem Strom $2^0/_0$, bei voreilendem $4^0/_0$.

Da das Bayernwerk in seinem jetzigen Ausbau eine Ladeleistung von rd. 25000 BkW, nach endgültigem Ausbau eine solche von 60000 BkW benötigt, mußte besonderer Wert auf die Stabilität der Generatoren bei kapazitiver Belastung gelegt werden.

Die Drehstromgeneratoren sind in Stern geschaltet; durch die Kabelstrecke zwischen ihnen und den zugehörigen Transformatoren sind sie gegen das Eindringen von Überspannungen abgeschirmt und außerdem durch Erdung der Neutralen gegen die Wirkung eines unmittelbaren Übertritts von Hochspannung geschützt. Die Nullpunktwiderstände sind bei 0,8 $\Omega$ für eine maximale Durchgangsstromstärke von 4500 A während 10 Sek. bemessen.

Um die Maschinensätze im normalen Betrieb und besonders bei Störungsfällen rasch stillsetzen zu können, sind die Drehstromgeneratoren mit besonderen Bremsen versehen worden. Die Bilder 86 a bis c zeigen die von der Schichau-Werft für die Bergmann-Generatoren gelieferte Bremse, mit welcher es möglich ist, die Auslaufzeit der Maschinen, welche ohne besondere Maßnahmen etwa 37 Min. dauern würde, bei „langsamem“ Einrücken der Bremse auf etwa 3 Min. und im Gefahrfalle bei „schneller“ Einrückung auf etwa 1,5 Min. zu verkürzen. Die Bremse ist auf der Generatorwelle zwischen Generatorgehäuse und Kupplung angeordnet und besitzt sechs radial gestellte Bremskolben, welche mit Druckwasser von 18 Atm. die auf der Welle aufgekeilte Bremsscheibe abbremsen.

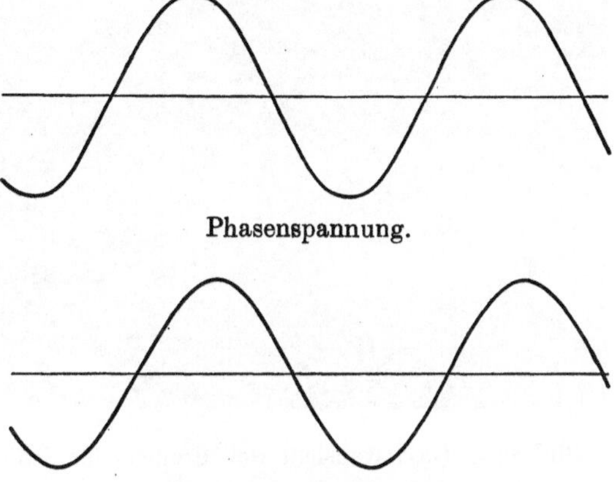


Bild 85. Oszillogramm der verketteten und der Phasenspannung d. Bergmann-Drehstrommaschinen.

### 3. Zwillings-Freistrahlturbinen.

Die Turbinen für den Einphasenteil sind Zwillings-Freistrahlturbinen. Jede der 4 Turbinen ist so bemessen, daß sie bei Belastung mit 9000 PS den besten Wirkungsgrad ($\eta_{gar} = 83^0/_0$) aufweist und eine Höchstleistung von 18000 PS hergeben kann. Betriebsmessungen haben bereits eine Überlastbarkeit bis 20000 PS dargetan.

Jedes der beiden, als Scheibe gleicher Festigkeit ausgebildeten, aus Stahlguß bestehenden Laufräder wiegt 8,3 t, hat einen äußeren Durchmesser von 2780 mm und trägt in seinem Umfang 24 Stahlgußschaufeln von je 190 kg Gewicht, die nach einer der Firma Voith patentierten Bauweise zuverlässig fest und doch im Bedarfsfalle leicht lösbar befestigt sind. Die Beaufschlagung der 2 Laufräder erfolgt durch je 2 Arbeitsdüsen.

Die 2 Laufräder sitzen im Abstand von 2600 mm auf einer Stahlwelle, die bei 7,6 m Länge und einem Durchmesser bis zu 550 mm ein Gewicht von 12,3 t hat. Die Stahlwelle trägt weiter die Riemenscheiben zum Ölpumpen- und Pendelantrieb des Doppelreglers, einen angeschmiedeten Kupplungsflansch zur starren Verbindung mit dem entsprechenden Flansch der Generatorwelle und liegt in einem Traglager von 525 mm Bohrung und einem Kammlager von 300 mm Bohrung. Beide Lager besitzen Ringschmierung und Wasserkühlung.

Der Grundrahmen ist im Fußboden des Maschinenhauses einbetoniert. An seinem unteren Flansch ist er an 3 Seiten mit der Blechpanzerung des Turbinenschachtes, an der vierten Seite mit dem Düsenschild verschraubt. In dem Düsenschild sind die unteren Düsenkrümmer eingeführt und befestigt, während die oberen Düsenkrümmer den Grundrahmen selbst durchdringen. Über den Laufrädern sind zweiteilige Hauben aus Blech auf den Turbinenrahmen geschraubt. Die Welle durchdringt die Seitenwände des Rahmens in Dichtungsgehäusen, in denen Spritzring und Auffangschild das Austreten von Wasser verhüten.

Die Krümmer, Führungskreuze und Mundstücke der Düsen bestehen aus Stahlguß, die letzteren haben 270 mm Lichtweite und sind mit Einsätzen aus geschmiedetem Stahl versehen, die ebenso wie die geschmiedeten Nadelspitzen leicht ausgewechselt werden können. Die Laufstellen der Nadelschäfte sind zum Schutze gegen Rost mit Messing überzogen und

Bild 86a. Gesamtansicht der Bremse der Schichau-Werft, eingebaut bei den Bergmann-Maschinen.

b) Bremsscheibe.

c) Bremsring mit Bremskolben.

Bild 86b und 86c. Bremse der Schichau-Werft.

Bild 87. Freistrahl-Zwillingsturbine und Einphasenstromgenerator für Bahnbetrieb.
Leistung: 10650/16000 kVA. Drehzahl: 250/Min. Spannung: 6900 Volt. Frequenz: $16^{2}/_{3}$/Sek.

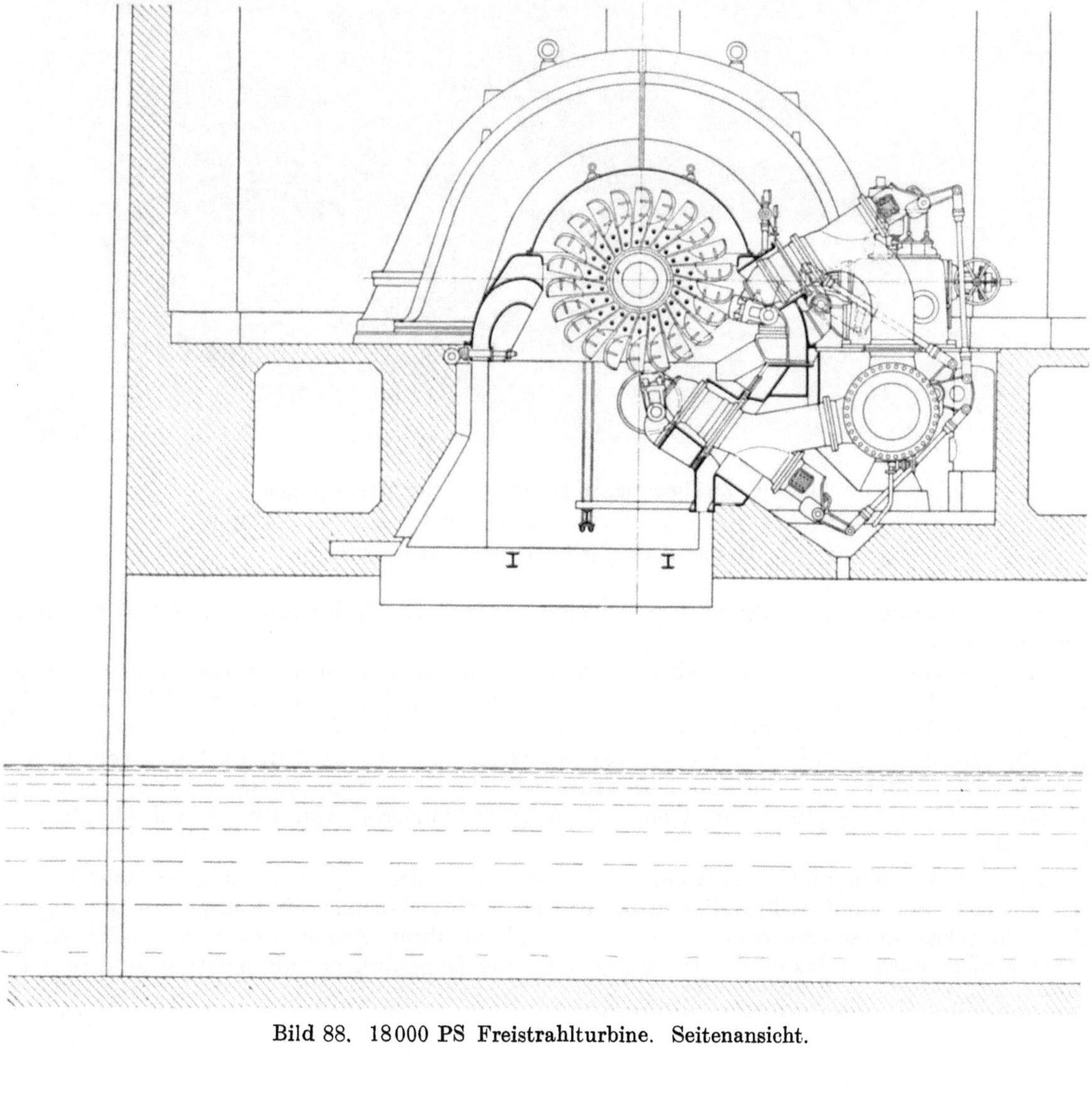

Bild 88. 18000 PS Freistrahlturbine. Seitenansicht.

bewegen sich in geschmierten Bronzebüchsen, so daß dauernd leichter Gang erzielt wird. Am hinteren Ende der Nadeln sorgen ein Rückzugkolben und eine Ausgleichfeder, sowie ein am Getriebe angreifender Wasserdruckkolben für Verminderung ungleichmäßiger Größe der Verschiebekraft.

Der Strahlablenker, dem bei plötzlichen Entlastungen die sofortige Verminderung der Beaufschlagung ohne Änderung der in der Rohrleitung fließenden Wassermenge obliegt, schneidet von unten her in den Strahl ein und besteht aus Stahlguß mit auswechselbarer Schneide. Damit die Düsen, Ablenker und Laufräder besichtigt werden können, sind Begehroste in die gepanzerte Turbinengrube eingebaut. In der Panzerung selbst ist eine wasserdicht verschließbare eiserne Türe angebracht, die durch einen Einsteigschacht vom Maschinenflur aus zugänglich ist.

Bild 89. Zwillingsfreistrahlturbine in der Montagehalle.
$H = 185 - 192$ m, $Q = 9{,}47 - 9{,}13$ cbm/Sek, $n = 250$ i. d. Min.
Höchstleistung jeder Turbine: 18000 PS.

Die Verteilrohrleitung besteht aus 2 sich verjüngenden Stahlgußrohren mit je 2 Stutzen für die Düsen.

An die Verteilrohre ist ein Absperrschieber von 1,2 m Lichtweite und genau gleicher Bauart wie die der Francis-Spiralturbinen angeschlossen. Vor dem großen Schieber zweigt vom letzten Schuß des Druckrohres eine 100 mm weite Leitung mit Schieber ab, die auf der den Düsen gegenüber liegenden Seite des Grundrahmens in 2 Bremsdüsen von 40 mm Lichtweite mündet, die zum raschen Stillsetzen der Turbinen Wasserstrahlen gegen den Rücken der Laufradschaufeln spritzen und die Stillsetzungszeit von 1 Stunde auf 5 Minuten herabsetzen.

Die Düsennadeln und Strahlablenker werden von einem sog. Doppelregler verstellt, bei dem ebenso wie beim Geschwindigkeitsregler der Francis-Turbine die Pumpe zur Erzeugung des Öldruckes in seinen Sockel eingebaut und in ihrer Arbeit durch ein selbsttätiges Druckauslöseventil entlastet ist. Im übrigen ist der Doppelregler mit elektrischer Drehzahlverstellung, verstellbarem Ungleichförmigkeitsgrad, Öffnungsbegrenzung und Riemenbruch-Sicherheitsvorrichtung versehen, wie die Regler der Spiralturbinen. Wiederum sind die Windkessel unter Flur aufgestellt und die Ölleitungen der 4 Doppelregler miteinander verbunden. An die Verbindungsleitung ist eine Reserve-Ölpumpe mit elektrischem Antrieb angeschlossen, die auch als Anlaßpumpe dient, wenn keine Turbine im Betrieb ist.

Übergang zur Handregelung ist ebenfalls vorgesehen.

Der Regler wirkt auch auf die 2 Bremsdüsen und den Strahlablenker der Turbine ein und hält die Geschwindigkeitsschwankungen garantiert unter $14\,^0/_0$ bei voller Entlastung, die Drucksteigerungen unter $10\,^0/_0$.

## 4. Einphasengeneratoren.

Von den 4 Einphasengeneratoren sind 2 von der Firma Brown, Boveri & Cie., die übrigen 2 sowie die Schaltanlage des Einphasenteiles von den Siemens-Schuckertwerken gebaut. Die Einphasengeneratoren sind für eine normale Dauerleistung von 10650 kVA bei einer Klemmenspannung von 6000 bis 6900 Volt, $16\,^2/_3$ Perioden und einem Leistungsfaktor von 1 bis 0,75 bemessen. Sie vertragen während einer Stunde, nachdem bereits die durch die normale Dauerleistung bedingte Erwärmung erreicht ist, eine Belastung von 16000 kVA, die hieran anschließend während 3 Minuten bis auf 20000 kVA gesteigert werden kann.

Die konstruktive Durchbildung des Brown, Boveri & Cie.-Maschinensatzes läßt Bild 90 erkennen.

Das Statorgehäuse ist vierteilig und ruht mit seitlich wegnehmbaren Füßen auf 2 mit dem Fundament fest versenkten Fußplatten. Die Unterteilung des Statorgehäuses nach einer zur Achse senkrechten Mittelebene ist nur mit Rücksicht auf die Bearbeitung vorgenommen und kommt nach Einsetzen des Blechkörpers nicht mehr in Betracht. Der ganze Stator ist auf Rollen montiert, um jede Stelle des Stators bzw. seine Wicklungen in die für Untersuchungen oder Reparaturen geeignete Lage zu bringen, außerdem kann durch Nachspannen der Rollen eine Ergänzung und Entlastung der Statorlagerung bewirkt werden.

Die Statorwicklung ist als Stabwicklung ausgeführt, deren Stäbe in offenen Nuten und zwar ein Stab je Nut gelegt werden. Je Pol sind 32 offene Nuten vorgesehen, wovon 24 bewickelt sind.

Der Rotor besteht aus gußeisernen Radsternen, die mittels Schrumpfringen sowie mit einem Federkeil auf der Welle befestigt sind. Auf die Radsterne sind 4 den Radkranz bildende S.-M.-Stahlscheiben warm aufgezogen und zusammen verschraubt.

Der Radkranz besitzt in seinem äußeren Umfang eingehobelte Nuten, in welche entsprechende Nocken der Polkerne eingreifen. Die Polkerne selbst bestehen aus gestanzten Stahlblechen, die durch Nieten zusammengehalten werden; die Polschuhe besitzen Nuten zur Aufnahme der Kupferstäbe der Dämpferwicklung; die letzteren sind beiderseitig durch Kupferringe miteinander verbunden.

Die Magnetspulen bestehen aus hochkant gewickeltem Kupferband und besitzen zur Vergrößerung der Abkühlfläche eine Anzahl Kühlrippen, welche dadurch gebildet werden, daß das Kupferband stellenweise größere Breite besitzt.

Im Gegensatz hierzu bestehen die Läufer der Siemens-Schuckert-Generatoren aus einer 3teiligen Stahlgußnabe, auf welcher 6 geschmiedete Platten aufgeschrumpft sind. Diese tragen in schwalbenschwanzartigen Nuten Massivpole.

Die Stabwicklung ist mit 2 Stäben je Nut ausgeführt.

Bei den Siemens-Schuckert-Maschinen besitzt jede eine angebaute Erregermaschine, System Ossanna, deren Prinzip bereits auf S. 34 beschrieben wurde.

Die Leistung jeder Erregermaschine ist 90 kW dauernd, 117 kW während einer Stunde und 154 kW während 30 Minuten bei 220 Volt Erregerspannung.

## 5. Hebezeuge und Hilfskraftanlage.

Das Maschinenhaus wird von 2 von der M. A. N., Nürnberg, gelieferten elektrisch betriebenen Laufkranen von je 75 t Tragfähigkeit in seiner ganzen Länge bestrichen, deren Haken durch einen Querbalken gekuppelt werden können und dann imstande sind, die etwa 115 t schweren Läufer der Bahnstromgeneratoren zu heben.

Unter der Abladebühne an der Bergseite des Maschinenhauses hat die Hilfskraftanlage für die Stromversorgung der Hilfsbetriebe Aufstellung gefunden, bestehend aus 2 von der Neumeyer A.G., München, gelieferten Peltonturbinen für 750 Umdrehungen je Minute direkt gekuppelt mit Drehstromerzeugern von 350 bzw. 750 kVA bei 220/380 Volt und 50 Perioden. Außerdem ist hier ein Transformator von 300 kVA Leistung bei 6600/380 Volt untergebracht, der die Energie des Kesselbachwerkes für die Hilfsbetriebe umspannt.

An die Nordostseite des Krafthauses schließt sich ein 8 m breiter Seitenbau an, welcher die erforderlichen Räume für die Unterbringung der Zentralkommandostelle, für die Batterie Werkstätten und Büros enthält.

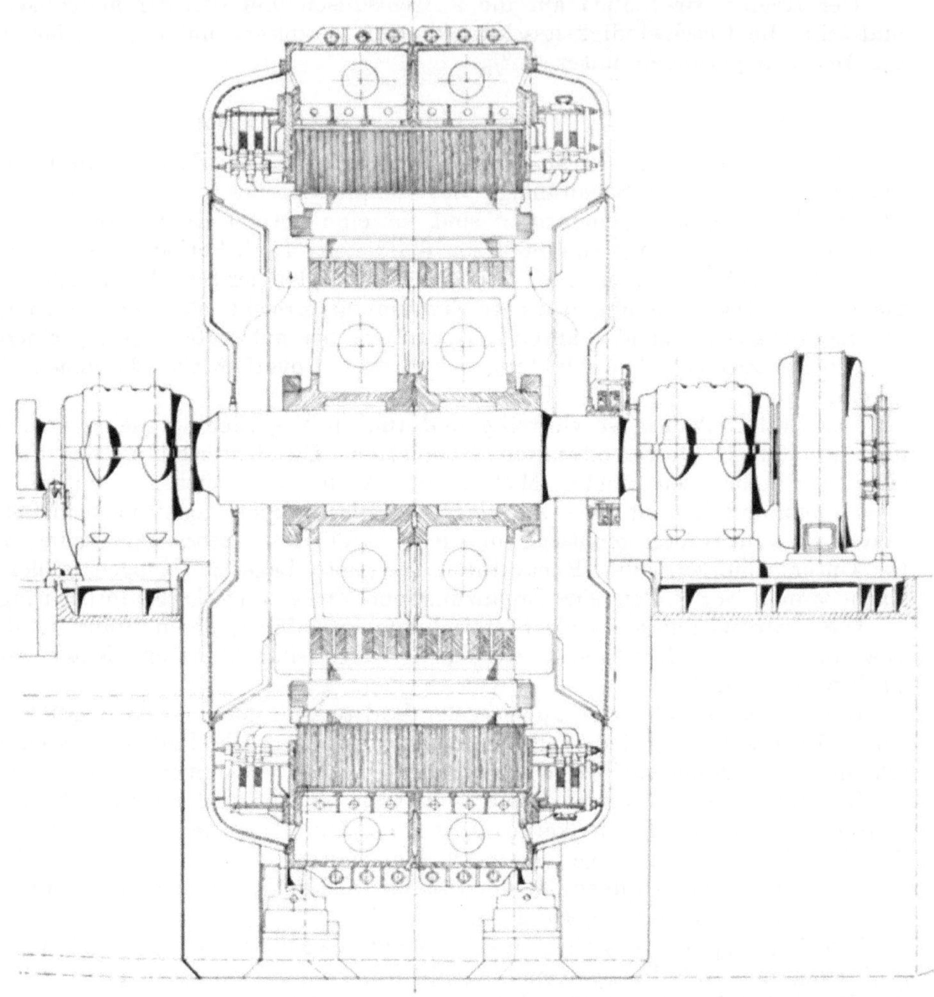

Bild 90. Einphasengenerator für
Leistung: 10650/16000 kVA.
Drehzahl: 250/Min.
Spannung: 6900 V.
cos $\varphi$: 0,75.

## b) Transformatoren- und Schalthaus.

Parallel zum Maschinenhaus und von ihm durch den 28 m breiten Werkhof getrennt ist das 110 kV-Transformatoren- und Schalthaus angeordnet. Dieses hat bei 29,5 m Breite die gleiche Länge wie das Krafthaus und ist nach den gleichen Grundsätzen wie die nach dem Kammersystem gebauten Umspannwerke des Bayernwerkes ausgebildet, so daß auf das bezüglich des Umspannwerkes Nürnberg Gesagte an dieser Stelle verwiesen werden kann. Die Anordnung des Einphasenteiles ist grundsätzlich die gleiche wie die des Drehstromteiles.

Die Transformatoren sind ebenso wie diejenigen des Bayernwerkes als Kerntransformatoren kurzschlußsicher gebaut. Die 4 Drehstromtransformatoren haben eine Scheindauerleistung von 20000 kVA, das Leerlaufübersetzungsverhältnis beträgt 6600/115000 Volt, 50 Perioden. Die Scheindauerleistung der 4 Einphasentransformatoren ist je Transformator

10650 kVA. Während 1 Stunde kann die Leistung auf 16000 kVA gesteigert werden und daran anschließend ist weitere Belastungssteigerung auf 20000 kVA während 3 Minuten möglich. Das Leerlauf-Übersetzungsverhältnis beträgt 6900/122500 Volt, die Periodenzahl $16^2/_3$.

Die Transformatoren müssen im übrigen den gleichen Bedingungen wie die Bayernwerks-Transformatoren genügen. Infolge ihres hohen Gewichtes und der großen Abmessungen

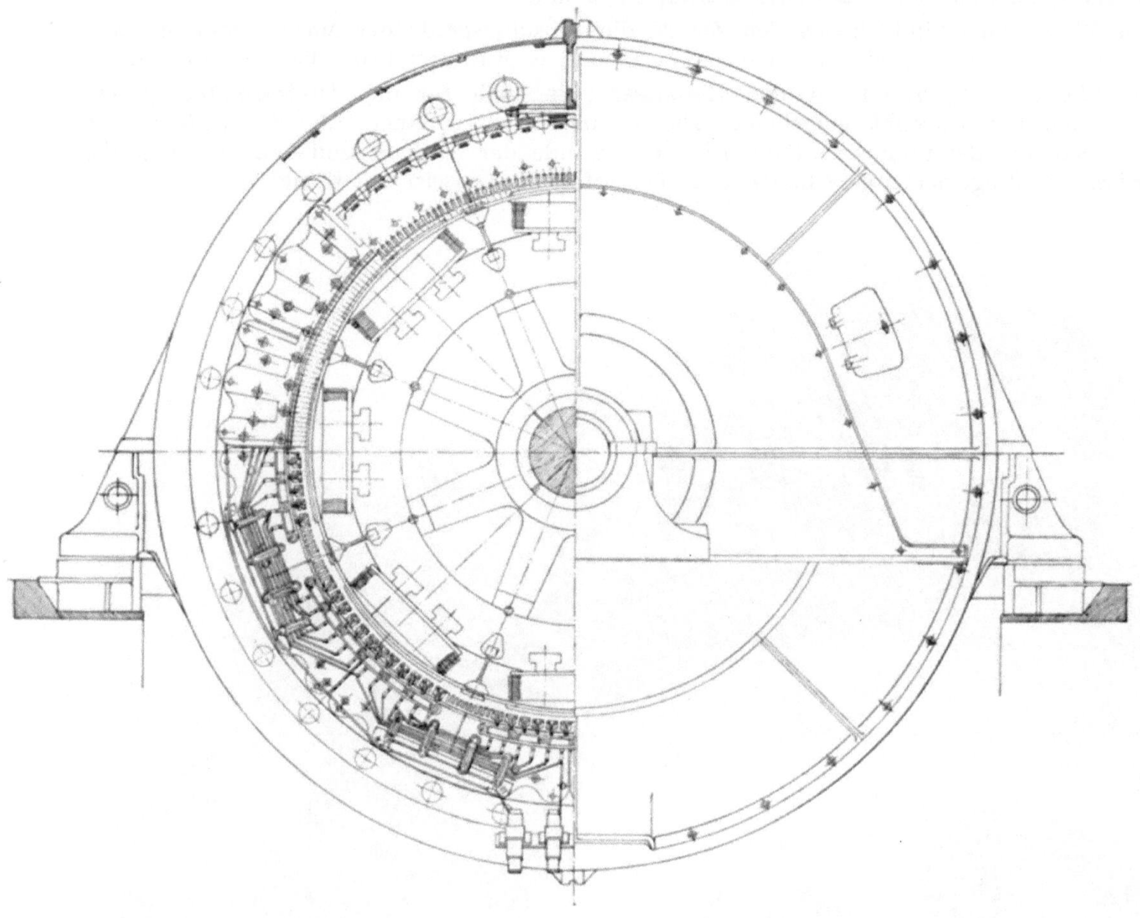

den Bahnbetrieb (B. B. C.).
Frequenz: $16^2/_3$ Sek.
Gehäusedurchmesser: 6,5 m.
Rotordurchmesser: 4,15 m.
Gewicht des Generators: 260 t.

wurden sie jedoch in einzelnen Teilen auf der Baustelle angeliefert und dort zusammengesetzt.

Die Generatoren sind unmittelbar mit den zugehörigen Transformatoren zusammengeschaltet, so daß je ein Generator und ein Transformator eine Einheit bilden. Die Verbindung zischen Generator und Transformator wird beim Drehstromteil durch 8 Kabel von $3 \times 185$ mm² Querschnitt hergestellt, die für 10000 Volt Spannung bemessen sind; beim Einphasenteil durch die gleiche Kabelzahl, jedoch nur von $2 \times 185$ mm² Querschnitt. Die Kabel sind in Kabelgräben quer über den Werkhof verlegt. Auf der 6600 Volt-Seite befinden sich keine Sammelschienen und natürlich auch keine Schaltapparate.

Im Gegensatz zu den Kraftkabeln sind die Betätigungskabel in Steinnischen an den Seitenwänden des Kabelkanals verlegt, wodurch eine Kontrolle dieser Kabel stets gewährleistet ist. Der Kabelkanal stellt gleichzeitig auch eine unterirdische Verbindung zwischen Maschinenhaus und Umspannwerk her.

Zur Wasserbeschaffung für die Transformatoren, für die Lagerkühlung und die 2 Belastungswiderstände der Generatoren, welche im Werkhof hierfür aufgestellt sind, dient eine aus 6 Pumpensätzen bestehende Pumpenanlage, welche sich in einem Anbau an der seeseitigen Stirnwand des Maschinenhauses befindet. Von den Pumpen sind 3 Stück mit einer Förderleistung zu je 90 $m^3$/h und 10 m Förderhöhe für die Transformatorenkühlung, 2 Pumpen zu je 70 $m^3$/h und 50 m Förderhöhe für die Lagerkühlung und 1 Pumpe mit 450 $m^3$/h und 10 m Förderhöhe für die Wasserwiderstände bestimmt.

Die Wasserwiderstände haben den Zweck, die Wirkungsgrade der Maschinensätze sowie das ordnungsmäßige Regulieren derselben rasch und einwandfrei feststellen zu können.

Im Werkhof ist sowohl für den Einphasen- als auch für den Drehstromteil je ein Wasserwiderstand versenkt eingebaut. Die Wannen (lichte Länge 8,50 m, lichte Breite 2 m) stehen auf Betonfundamenten. Die Seitenwände der Wannen sind ohne Verwendung von Eisen aus Ziegelmauerwerk hergestellt, das auf der Innenseite mit Klinkern ausgekleidet

Bild 91. Wicklung des B. B. C.-Einphasengenerators von der Turbinenseite aus gesehen.

wurde. Um die Mauerung der zerstörenden Wirkung der vagabundierenden Ströme zu entziehen, sind die Seitenwände der Wannen in einem Abstande von 2,5 cm mit Drahtgittern bespannt, die an den Wänden isoliert befestigt und besonders geerdet sind.

Für jede Phase ist ein Elektrodenpaar vorgesehen. Die aus 8 mm starkem Eisenblech hergestellten Elektroden haben Trapezform und sind fest montiert. Die Änderung der Belastung erfolgt durch Heben oder Senken des Wasserspiegels, was durch eine an der einen Schmalseite der Wannen eingebaute Überfallschütze bewirkt werden kann. Beim Steigen des Wasserspiegels tauchen die Elektroden zunächst mit der Trapezspitze in das Wasser ein, wodurch stetige Vergrößerung der Belastung ermöglicht ist. Das für die Belastungswiderstände erforderliche Wasser wird durch obengenannte Pumpe geliefert, deren Leistung so reichlich bemessen ist, daß unzulässige Erwärmung des Wassers im Widerstand auch bei größter Belastung ausgeschlossen ist. Die Stromzuführung zu den Elektroden geschieht durch Freileitung, welche an einem über den Wannen erbauten Gerüst befestigt ist.

## c) Kommandoanlage.

Der großen Bedeutung, welche der Kommandoanlage in Großkraftwerken für die glatte Abwicklung des Betriebes zukommt, Rechnung tragend, wurde auf deren räumliche Anordnung und technische Ausrüstung besonderes Gewicht gelegt. Wie bereits erwähnt, ist die Kommandostelle an der Längswand des Maschinenhauses in dessen Mitte angeordnet und zerfällt in den eigentlichen Bedienungsraum und den Meßraum.

Der Bedienungsraum hat einen elliptischen Grundriß mit 15 bzw. 9,5 m Durchmesser; durch seine Lage und bauliche Maßnahmen ist nach Möglichkeit dafür gesorgt, daß alle

Bild 92. Stator des Siemens-Schuckert-Einphasengenerators in der Montagehalle.

| | |
|---|---|
| Leistung der Maschine: 10650/16000 kVA. | Gewicht des Stators m. Grundrahmen und Lagern: rd. 158 t. |
| Spannung: 6900 V. | Gewicht des Läufers: rd. 115 t. |
| Drehzahl: 250/Min. | Gewicht eines Poles: 7650 kg. |
| Perioden: $16^2/_3$ Sek. | Äußerer Statordurchmesser: rd. 6,90 m. |

von den Maschinen herrührenden Geräusche abgehalten werden. In ihm finden nach Drehstrom- und Einphasenanlage getrennt, die Pulte für die Bedienung der Maschinen- und Transformatorensätze und die Instrumententafeln für die Maschinen und abgehenden Leitungen Aufstellung. Die Anordnung der Schaltpulte und der Meßinstrumententafeln zeigt Bild 101. Die Meßinstrumente sind auf dunklen Marmortafeln montiert, die in Form einer Halbellipse im Betätigungsraum angeordnet sind. Auf den Marmorplatten

Bild 93. Hilfskraftanlage.
2 Drehstromerzeuger von 350 bzw. 750 kVA, 220/380 V und 50 Perioden direkt gekuppelt mit 2 Peltonturbinen von 450 bzw. 850 PS-Leistung.

Bild 94. Blick in das 110 kV-Schalthaus (Drehstromteil).

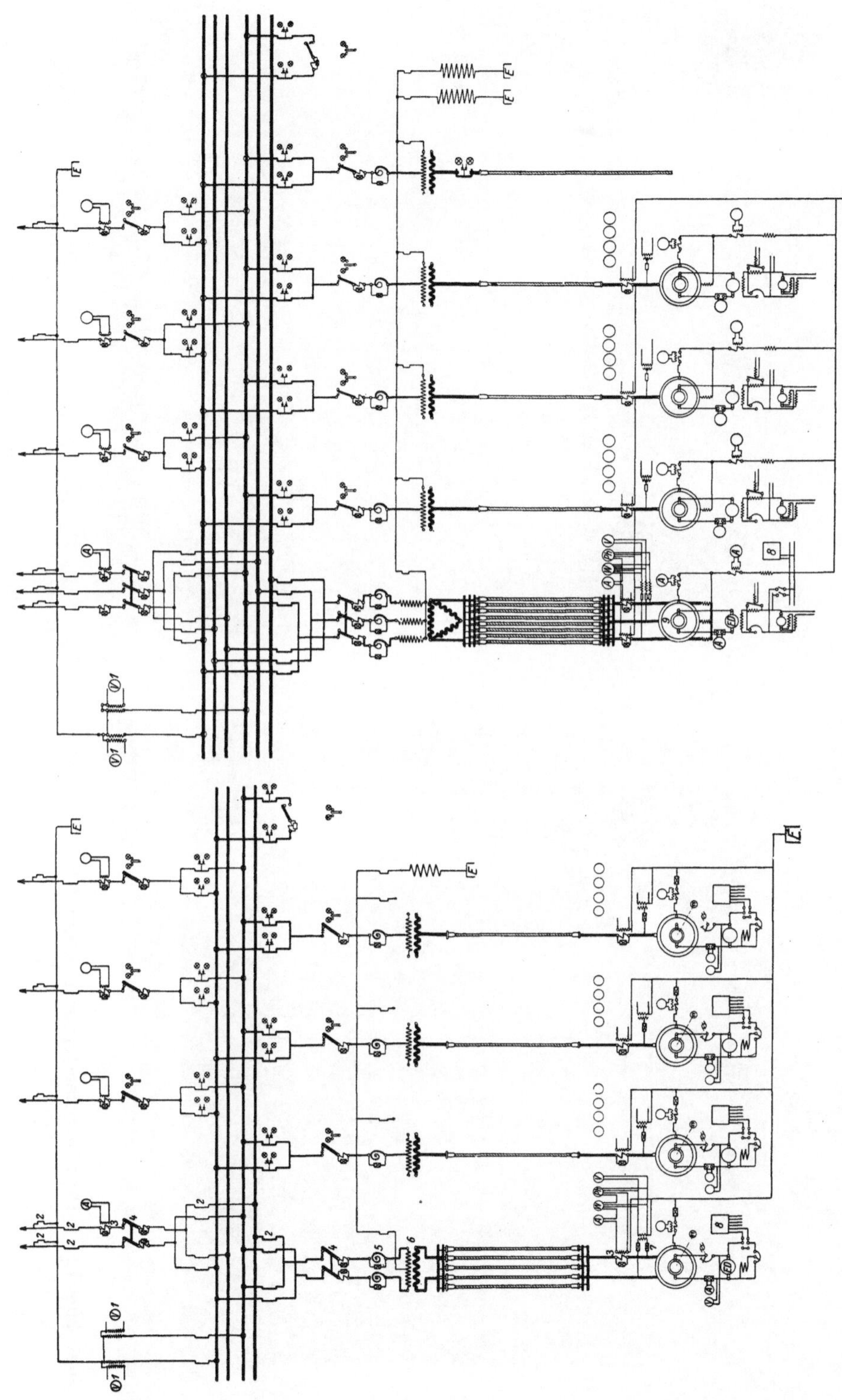

Bild 95. Schaltbild des Walchenseekraftwerkes.

Einphasenstromteil. Drehstromteil.

Schutzinstrumente der Maschinen sind: Maximalrelais, Rückstromrelais, Differentialschutz.

Bild 96a. 20000 kVA-Drehstromtransformator in der Zelle.

Bild 96b. 10650/16000 kVA-Einphasentransformator in der Zelle. Leerlaufübersetzungsverhältnis: 6900/122500 Volt. $16^2/_3$ Perioden.

befinden sich nur Wechselstrominstrumente in runder Form, die vertikal übereinander montiert sind. Die rnnde Form der Meßinstrumente ist gewählt worden, weil diese Ausführungsart sich besser ablesen läßt als die Profilinstrumente.

Für die Maschinenfelder sind runde Instrumente von 350 mm Durchmesser eingebaut. Die Instrumente für die abgehenden Leitungen haben einen kleineren Durchmesser. Alle Instrumente wurden versenkt eingebaut; um Spiegelungen zu vermeiden, wurden bei den Instrumenten blanke Teile weggelassen und die Marmorplatte matt geschliffen.

Auf den Maschinenfeldern befinden sich alle Wattmeter, Voltmeter, Amperemeter und cos $\varphi$-Zeiger in einer horizontalen Linie. Das gleiche gilt für die Amperemeter der Abzweige, bei denen die Amperemeter der Phase I in der obersten Reihe sitzen, die der Phase II in der mittleren und die der Phase III in der untersten Reihe. Die vertikale Gruppierung der Instrumente hat sich als außerordentlich übersichtlich erwiesen gegenüber der bisherigen Ausführungsart, bei der die verschiedenartigen Instrumente lediglich der Symmetrie wegen bunt durcheinander montiert wurden.

Bild 97. Blick in den Kabelkanal.
(In den Nischen liegen die Betätigungskabel.)

Die Markierungsleisten des Doppelsammelschienensystems sind nicht, wie sonst üblich, auf den Schaltpulten, sondern auf der Meßinstrumententafel angebracht. Diese Anordnung hat den Vorteil, daß die Signallampen von jeder Stelle des Schaltraumes aus sichtbar sind. Dadurch, daß die Schaltpulte, welche die Betätigungsschalter aufnehmen, vor der Meßinstrumententafel in einem gewissen Abstand aufgestellt sind, erhält der Schalttafelwärter während der Regulierung eine größere Übersicht, d. h. der Schalttafelwärter kann während der Regulierung der Maschine I auch die Instrumente der Maschine IV und umgekehrt beobachten.

Die für das Kupplungsfeld bzw. den Anschluß des Obernachkraftwerkes erforderlichen Betätigungsschalter werden auch auf einem Schaltpult montiert, weil auch in diesen Feldern eine Synchronisierung erforderlich ist.

Vor den Maschinenfeldern stehen in einem Abstand von rd. 1 m die zugehörigen Schaltpulte. Auf ihnen befinden sich die Handräder für die Regulierung, die Betätigungsapparate für die Ölschalter und die Kommandoapparate.

Zwischen Bedienungsraum und Maschinenhaus fanden die Zähler- und Relaistafeln, ebenfalls für Drehstrom und Einphasenstrom getrennt, Aufstellung.

Zur Befehlsübertragung ist im Maschinenhaus für jeden Generator eine besondere Kommandotafel vor den Kranpfeilern aufgestellt, welche außer den Kommandoapparaten und einem Wattmeter auch eine Einrichtung enthält, welche die jeweilige Stellung der Drosselklappen im Apparatehaus des Wasserschlosses anzeigt und deren Schluß gestattet.

Bild 98. Pumpen- und Dammbalkenhaus (Außenansicht).

### d) Abspanngerüst.

Die Verbindung von den oberspannungsseitigen Ausführungsisolatoren zur Freileitung erfolgt über 2 Abspanngerüste, getrennt für den Einphasenteil und den Drehstromteil. Jedes dieser Abspanngerüste ist 42 m hoch. Das Gerüst für die Drehstromleitungen wiegt 50 t, jenes für die Einphasenleitungen rd. 41 t.

### e) Transport.

Die Schaffung von geeigneten Transportwagen vom Bahnhof Kochel bis zum Kraftwerk stieß wegen der ungünstigen Geländeverhältnisse — das Walchenseewerk liegt auf einer verhältnismäßig kleinen Ebene, die auf der einen Seite vom Kochelsee, auf der anderen Seite von steil abfallenden Berghängen begrenzt ist — auf Schwierigkeiten, zumal Maschinenteile bis zu 70 t zu transportieren waren.

Bild 99. Pumpenanlage.

Der Bau eines Anschlußgleises schied aus obengenannten Gründen aus. Für den Landtransport kam die bereits bestehende 3,4 km lange, gut ausgebaute Staatsstraße in Betracht, welche durch Ausbau der Verbindungsstraße zwischen dieser und der Hauptbaustelle in Altjoch eine Zufahrtsmöglichkeit für leichtere Maschinenteile und Baumaterialien darstellt. Für die schweren Lasten entschloß man sich, um der Notwendigkeit des Umladens zu entgehen, zu der dritten Möglichkeit, zur Benützung des Wasserweges.

Zu diesem Zwecke wurde eine Fähre von 130 t Tragfähigkeit beschafft. Sie besteht aus 2 rd. 30 m langen Pontons, die durch eine Eisenkonstruktion, welche die Eisenbahnschienen trägt, miteinander verbunden sind. Der Querschnitt der Pontons ist behufs möglichster Einschränkung der Montagearbeiten an Ort und Stelle so gewählt worden, daß jedes in 2 oder 3 Stücke zerlegt, mit der Bahn zum Kochelseeufer transportiert werden konnte.

Bild 100. Werkhof und Wasserwiderstände.
Im Vordergrund Widerstand für den Einphasenteil, weiter rückwärts der Widerstand für den Drehstromteil.
Rechts Maschinenhaus mit Entlüftungsschächten und Kommandostelle.

Bild 101. Kommandostelle Walchenseewerk (Innenansicht).
Links Maschinenfelder und Pulte für Drehstrom, rechts für Einphasenstrom.

Es wurde ein Industriegleis vom Bahnhof Kochel bis zum Schiffsanlegeplatz beim Loisachauslauf angelegt. Die Eisenbahnwagen werden hier mit ihrer Last auf die Fähre übernommen und mittels Dampfboot nach Altjoch über den See geschleppt, wo der gleiche Anlegeplatz wie in Kochel geschaffen wurde. Die Wagen werden durch ein Spill von der Fähre zum Werkhof gezogen, von dem sie über eine Drehscheibe auf die Entladebühne des Maschinenhauses und damit unter die Krane gelangen.

Bild 102. Instrumententafel an den Pfeilern der Maschinenhalle.
Seitlich der Tafel sind die durch Jalousien verschließbaren Ansaugöffnungen für die Generatorkühlluft bei Entnahme aus dem Maschinenhaus angeordnet.

Während des Be- und Entladevorganges wird die Fähre an der Landungsstelle vor dem Eisenbahn-Anschlußgleis versenkt und auf dem mit Holzrippen versehenen Betonboden des Anlegeplatzes zum Aufsitzen gebracht, um einen sicheren Übergang der Eisenbahnwagen auf die Fähre zu ermöglichen. Das Versenken der Fähre als auch das Heben in die Schwimmlage geschieht durch Aufnahme und Abgabe von Wasser, welches durch eine von einem Benzinmotor angetriebene Pumpe gefördert wird.

Bild 103. Abspanngerüst des Walchenseewerkes. (Im Vordergrund das Gerüst für die Drehstrom-, im Mittelgrund das Gerüst für die Einphasenleitungen.)

## D. Wasserwirtschaft.

Durch den Bau des Walchenseewerkes ist für europäische Verhältnisse ein Speicherwerk ersten Ranges geschaffen worden. Beträgt doch der nutzbare Speicherinhalt des Walchensees, dessen Fläche 16,2 km² umfaßt, bei der größtzulässigen Stauschwankung von 4,90 m 78 Millionen m³ Wasser, was unter Zugrundelegung eines Turbinennutzgefälles von 195 m einer Arbeitsmenge von rd. 32 Mio kWh entspricht. Von der Gesamtarbeit eines Mitteljahres, welche, wie bereits erwähnt, rd. 180 Mio kWh beträgt, sind demnach maximal 17,8% speicherbar. 1 mm Seeabsenkung entspricht eine verfügbare elektrische Arbeit von ungefähr 6500 kWh. Der Wasservorrat des Walchensees wird in Jahren mit normalen Witterungsverhältnissen in den Monaten November bis März, also in 5 Wintermonaten in Anspruch genommen; der abgesenkte See wird innerhalb 4 bis 5 Wochen, d. i. gewöhnlich bis Ende Mai, wieder auf seine normale Spiegelhöhe aufgefüllt; von Ende Mai bis Ende Oktober wird der Walchensee stets gefüllt sein. Das Landschaftsbild wird also während dieser Zeit keine Veränderung gegenüber jener vor dem Ausbau des Walchenseewerkes zeigen, da dank

Bild 104. Fährschiff auf dem Helling. Querseite.

Bild 105. Seetransport auf der Fähre über den Kochelsee.

der reichlichen Wasserzuführung zum Walchensee auch größere Spitzenleistungen keine dauernde Absenkung hervorrufen werden. Die Jahresmittelleistung des Walchenseekraftwerkes errechnet sich zu mehr als 20000 kW. Diese Leistung wird während der Nachtstunden, namentlich nach Inbetriebnahme der Kraftwerke der Mittleren Isar, nicht gefordert werden, so daß schon aus diesem Grunde eine entsprechende Erhöhung der installierten Leistung zweckmäßig erschien. Die Leistungsanforderungen, welche bereits im ersten Betriebsjahre an das Walchenseekraftwerk gestellt wurden, haben gezeigt, daß der Einbau von 64000 kW Drehstromleistung nicht zu hoch gegriffen war, und daß einerseits der Verlauf der Tagescharakteristik der Abnehmer, andererseits das große Speichervermögen des Werkes diese Ausbaugröße verlangt, sofern eine möglichst vollkommene Ausnutzung der Wasserdarbietung gewährleistet werden soll.

Verwaltungsgebäude der Bayernwerk A.G. und Walchenseewerk A.G.

# Die Anlagen der Mittleren Isar.

Die Anlagen der Mittleren Isar werden von der Mittlere Isar A.G. gebaut; sie nützen das rd. 88 m betragende Gefälle der Isar zwischen München und Moosburg aus.

Die Mittelwassermenge schwankt zwischen 80 bis 100 m³/s; im Winterhalbjahr sind im Mittel 60 bis 80 m³/s vorhanden. Durch das bei Oberföhring errichtete Wehr wird der Mittelwasserspiegel der Isar um 4,5 m gehoben. Der Staukörper wird durch vier bewegliche, eiserne Schützentafeln und drei Pfeilern gebildet. Die gesamte lichte Weite zwischen den Wehrwiderlagern beträgt 78,5 m.

Bild. 106. Wehr bei Oberföhring; Oberstromansicht vom rechten Isarufer aus.

Wehr mit 4 Öffnungen, Gesamtlichtweite 78,5 m; Verschluß durch 4 Schützentafeln von je 17 m Breite und 5,65 m Höhe; Stauhöhe über Mittelwasser 4,45 m. Rechts Einlaufbauwerk zum Werkkanal, schräg zur Flußachse angeordnet; 8 Öffnungen von je 5,5 m Weite und 3,65 m Höhe; Höhe der Einlaufschwelle über Flußsohle 2,00 m.

Bild 106 zeigt das Wehr bei Oberföhring nach der Bauvollendung. Unmittelbar oberhalb des Wehres erfolgt die Wasserentnahme durch ein Einlaufbauwerk, welches schräg gegen die Flußachse gerichtet ist und 56 m Breite aufweist. Zum Abschluß dienen bewegliche Schützen. Eine unter der festen Überlaufschwelle angeordnete Spülvorrichtung verhindert das Eindringen von Geschiebe in den Werkkanal. Dieser ist in der obersten Strecke für eine Wasserführung von 150 m³/s bemessen und folgt vom Einlaufbauwerk ab bis Unterföhring dem Isarlauf, biegt dann nach Osten ab, um auf 12 km Länge das Erdinger Moos zu durchqueren (s. Bild 107). Auf der Moosstrecke wird neben dem Kanal ein Speicherweiher angelegt, der die Zurückhaltung von 25 Mill. $m^3$ Wasser gestattet. Dieser Weiher ist eine wertvolle Ergänzung der Anlage; er gestattet auch in trockenem Winter während der Belastungsspitze die Volleistung der Anlage mit rd. 109000 kVA herzugeben, und zwar kann Drehstrom bis zu 74000 kVA, Einphasenstrom bis zu 69000 kVA abgegeben werden. Bei Austritt aus dem Moos liegt bei km 16,6 das Kraftwerk I „Finsing", dessen Nutzgefälle 11 m beträgt. Von hier verläuft der Kanal, jetzt für 125 $m^3/s$ dimensioniert, in nördlicher Richtung auf einer zwischen dem Semptal und dem Erdinger Moos liegenden

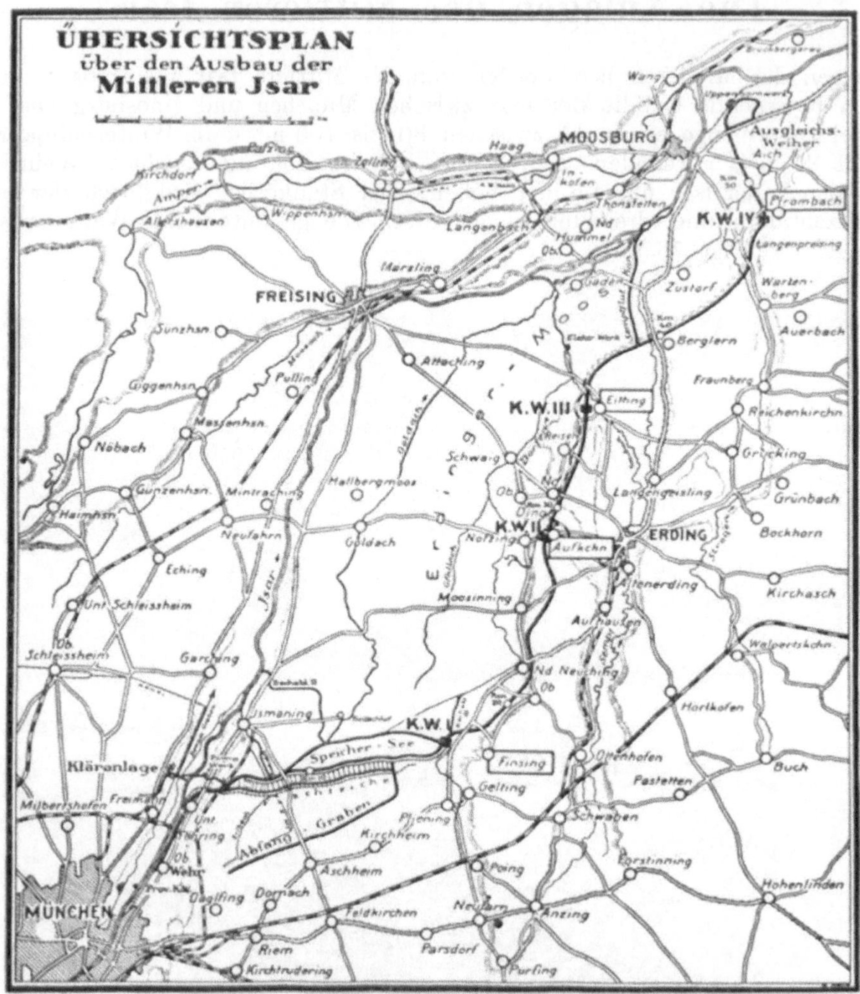


Bild 107. Übersichtsplan der Anlagen der Mittleren Isar.

Erhebung, die bei Aufkirchen (Kanal-km 24,8) verhältnismäßig steil abfällt und recht günstige Verhältnisse für die Errichtung des mit einem mittleren Gefälle von 26,4 arbeitenden Kraftwerk II „Aufkirchen" schafft. Der Kanal folgt dem Höhenrücken weiter bis zu dem bei Eitting (Kanal-km 34,8) liegenden Kraftwerk III „Eitting" (Gefälle 25,3 m), biegt dann nach Nordosten ab, überquert die Sempt, um bei Wartenberg an den Hang der Erhebungen auf dem rechten Semptufer heranzukommen. Kraftwerk IV „Pfrombach" nutzt das restliche Gefälle von rd. 21,1 m aus und gibt das Betriebswasser durch ein in nordwestlicher Richtung verlaufendes Kanalstück in das Oberwasser des bei Moosburg bestehenden Uppenborn-Kraftwerkes der Stadt München ab.

Die Bilder 109 bis 112 zeigen die Außenansicht der drei bisher erbauten Kraftwerke, Bild 113 ein Stück des rd. 55 km langen Kanals während des Baues.

Bild 108. Kraftwerk Finsing. Krafthaus und Schaltanlagen (von der Oberwasserseite). Im Vordergrund Vorfluter. Von den Gebäuden der Anlage sind sichtbar: Die rechte Hälfte des Krafthauses, Turmaufbau für den Betätigungs- und Kommandoraum, daneben Schaltgebäude für 60 und 20 kV.

Bild 109. Kraftwerk Finsing (von der Unterwasserseite). Mittleres Nutzgefälle 11 m; Höchstleistung des Werkes 14200 PS a. d. Turbinenwelle bei 125 cbm/sec Wasserführung. Länge des Maschinenhauses 106 m, im Turmbau (links) Betätigungsraum und Hauptbefehlstelle für die Lastverteilung aller Kraftwerke der Mittleren Isar.

Bild 110. Kraftwerk Aufkirchen. Wasserschloß vom Oberwasser aus gesehen.
Links die beiden Schützen des Grundablasses, anschließend Überaich, dann Heberanlage, daneben Eisablaßschütze, sowie 8 Einlaßschützen von je 6 m Breite zu den 4 Rohrkammern. Rechts an der Böschung Ländesteg.

Bild 111. Kraftwerk Aufkirchen (Ansicht vom Unterwasser aus).
Höhe des Gebäudes von der Sohle des Unterwasserkanals bis zum Dachfirst 38 m. Unten die Gewölbe der Saugrohrkammern. Unter dem Giebelbau Einfahrtstor für den normalspurigen Gleisanschluß zum Abstellraum. Rechts Leerschuß mit 2 künstlichen Kolken hintereinander als Energievernichter.

Bild 112. Kraftwerk Eitting. Unterwasseransicht.
Mittleres Nutzgefälle 25,3 m, 4 Aggregate wie Aufkirchen. Links Leerschutz mit großem, künstlichen Kolk als Energievernichter. Höchstleistung des Werkes bei 125 cbm/sec Wasserführung: 32800 PS.

Bild 113. Betonieren der Böschung des Kanals bei km 5,2.

Das Gesamtnutzgefälle der vier Stufen beträgt im Jahresmittel 83,8 m entsprechend 95,3% des Rohgefälles. Auf Grund der Wasserführung der Isar in den Jahren 1910 bis 1919 und unter entsprechender Ausnützung des Speicherweihers ergibt sich die mittlere Jahresleistung der Kraftwerke an den Generatorenklemmen wie folgt:

| | | |
|---|---|---|
| Kraftwerk | Finsing . . . . . | 7150 kW |
| „ | Aufkirchen . . . . | 17150 „ |
| „ | Eitting . . . . . | 16450 „ |
| „ | Pfrombach . . . . | 13700 „ |
| | insgesamt | 54450 kW |

Bild 114. Maschinensaal des Kraftwerkes Finsing.
Länge des Maschinenhauses: 106 m. Je 4 Teilturbinen arbeiten auf einem Generator, vorderes Aggregat im Betrieb. Gesamtleistung 7500 kVA + 6500 kVA. 2 Laufkräne von je 60 t Tragfähigkeit.

Das Niederdruckwerk Finsing erzeugt ausschließlich Drehstrom; aufgestellt werden zwei Aggregate mit horizontaler Welle, bestehend aus je vier Francisturbinen, deren eines vollständig an den Werkkanal angeschlossen wird und mit 150 Umdr./min einen 7500 kVA-Drehstromgenerator antreibt; während das andere sein Betriebswasser aus dem Stauweiher entnehmen kann, 125 Umdrehungen macht und mit einem 6500 kVA-Generator gekuppelt ist. Die Mittelgefällstufen Aufkirchen (Werk II), Eitting (Werk III) und Pfrombach (Werk IV) werden grundsätzlich gleich ausgeführt und erzeugen je zur Hälfte Drehstrom für das

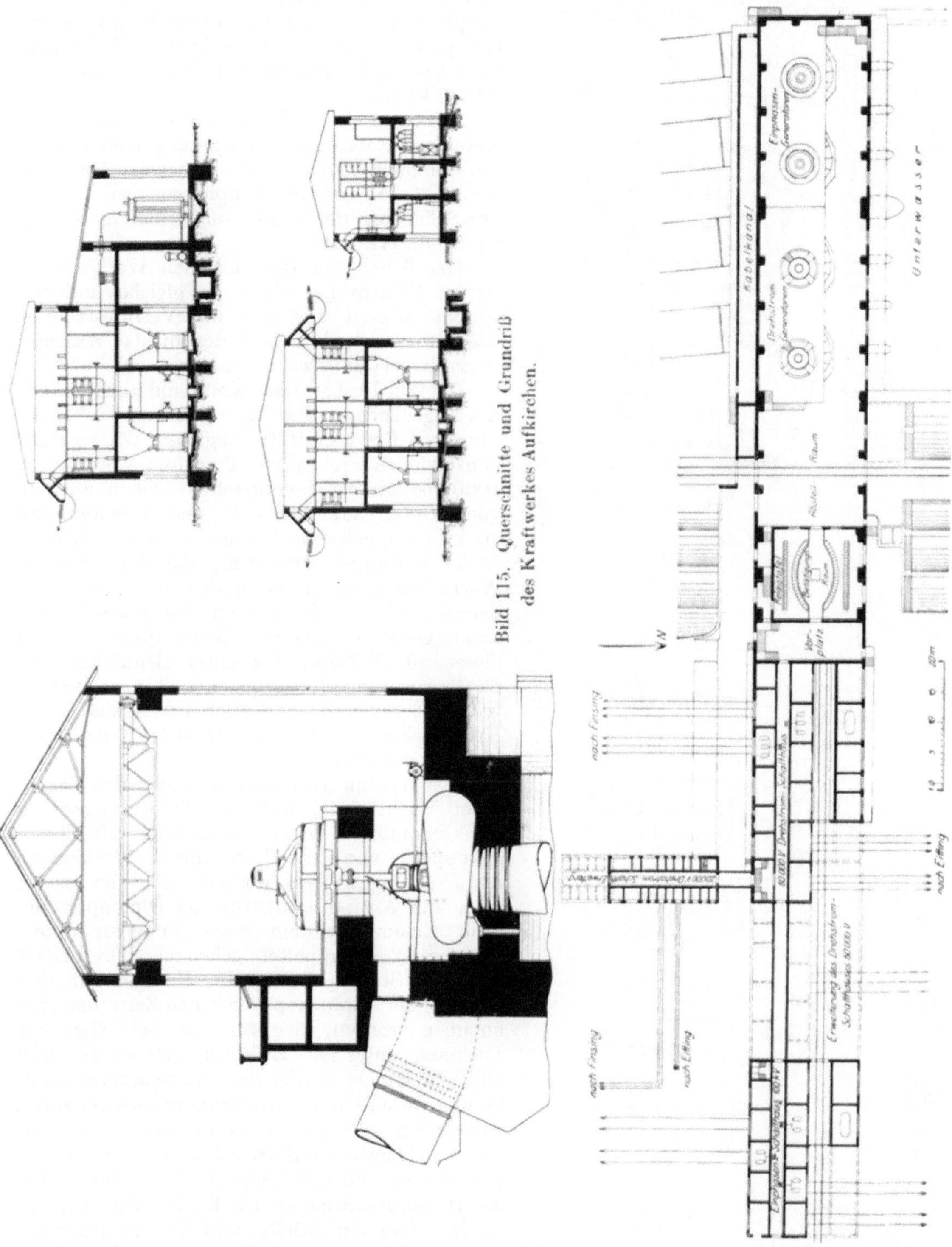


Bild 115. Querschnitte und Grundriß des Kraftwerkes Aufkirchen.

Bayernwerk und Einphasenstrom für den Betrieb der Deutschen Reichsbahn-Gesellschaft. Die Disposition des Werkes Aufkirchen zeigt Bild 115. Die Werke erhalten je vier vertikalachsige Einradturbinen von 42 $m^3/s$ Schluckfähigkeit, welche $166\,^1/_2$ Umdrehungen machen und in Aufkirchen und Eitting bei rd. 25 m Gefälle etwa 13000 PS gemessen an der Turbinenwelle leisten, in Pfrombach bei 21 m Gefälle rd. 11000 PS. Die mit ihnen direkt gekuppelten Generatoren arbeiten durchweg mit 6000 V Spannung. Aufgestellt werden in Werk II und III je zwei Drehstromgeneratoren von 10500 kVA Leistung $\cos\varphi = 0{,}8$ und zwei Einphasengeneratoren von 12000 kVA Leistung, $\cos\varphi = 0{,}7$. Die entsprechenden Leistungen der Pfrombach-Generatoren sind 9200 kVA und 10500 kVA.

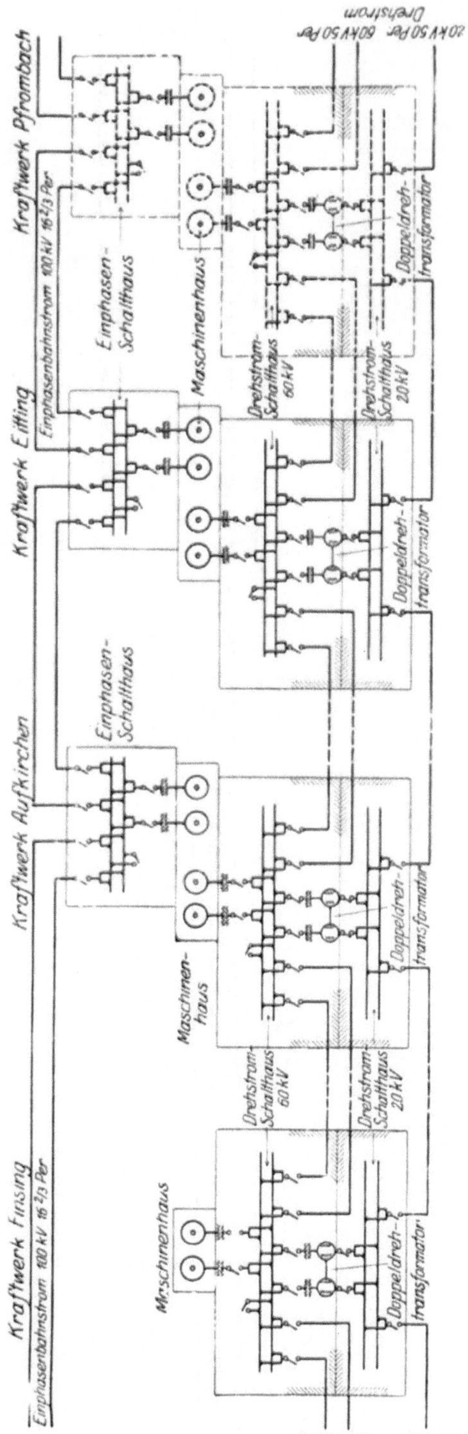

Bild 117. Schaltplan der Kraftwerke der Mittleren Isar.

Die Generatoren bilden mit den zugehörigen Transformatoren gleicher Leistung eine Einheit; die Sammelschienenspannung beträgt für Drehstrom 60 kV, für den Einphasenstrom 110 kV. Die Schaltung der Werke untereinander ist aus Bild 117 ersichtlich.

Der Schaltplan der einzelnen Werke selbst ist im Prinzip bei allen der gleiche und entspricht sowohl für den 60 kV-Drehstromteil wie für den Einphasenteil der für das Walchenseewerk verwendeten Anordnung.

Bei den Drehstromanlagen sind zur Deckung des Eigenbedarfs der Zentralen und zur Lieferung von Ersatzkraft für abgelöste Wasserkraftkonzessionen je zwei Transformatoren von 1000 bis 2000 kVA vorgesehen. Sie übersetzen von 60000 auf 20000 V und arbeiten auf 20 kV-Doppelsammelschienen, von welchen 20 kV-Leitungen ausgehen, die die einzelnen Werke miteinander verbinden und unter anderem auch die Energie zu den einzelnen Bedienungsstellen, z. B. zum Wehr, führen. Durch dieses 20 kV-Netz, das unter Benutzung der für Bauzwecke erforderlichen Leitungen erstellt wird, ist erreicht, daß auch bei Ausfall eines Kraftwerkes in diesem für den Eigenbedarf Energie vorhanden ist.

Dies ist im vorliegenden Falle von besonderer Wichtigkeit, weil die Erregermaschinen der Generatoren nicht mechanisch mit diesen gekuppelt sind, sondern durch Drehstrommotoren angetrieben werden, die gleichzeitig auch die Antriebskraft für die Ölpumpen liefern. Einem mit dem rasch laufenden Motor-Erregersatz gekuppelten schweren Schwungrad kann in Störungsfällen die Energie für den Antrieb der Ölpumpen für einen Zeitraum entnommen werden, der für das Schließen der Turbinen nötig ist. Zwischen den 60 kV- und 20 kV-Sammelschienen ist eine Spannungsregulierung durch Dreh- oder Stufentransformatoren vorgesehen. An die 20 kV-Schienen sind endlich die eigentlichen Stationstransformatoren angeschlossen, die mit 380/220 V den Strom für die Hilfseinrichtungen der Kraftwerke liefern.

Der Bau der Schalt- und Transformatorenstation erfolgte nach dem Kammersystem; es kann daher auf das über das Bayernwerk-Umspannwerk Nürnberg Gesagte verwiesen werden. Die 60 kV-Drehstrom- und die 110 kV-Einphasenwechselstrom-Schalthäuser wurden in der Längsachse des Maschinenhauses angeordnet, wobei das eine direkt an den Betätigungsraum anschließt: Das 20000 V-Drehstromschalthaus wurde rechtwinkelig an das 60 kV-Schalthaus angesetzt.

Bild 116. Generatorenpodium im Kraftwerk Aufkirchen. (2 Aggregate für Dreh-, 2 für Einphasenstrom.) Die 2 Drehstromaggregate sind bereits montiert. In den 4 Gewölben unter dem Podium befinden sich die Francis-Spiralturbinen.

Bild 118. Blick in den Betätigungsraum des Kraftwerkes Finsing. (60 kV-Seite.)

Der I. Ausbau der Mittleren Isar, welcher die Kraftwerke Finsing, Aufkirchen und Eitting umfaßt, ist so weit fortgeschritten, daß im Dezember 1924 Energieabgabe aus den beiden erstgenannten Werken an das Bayernwerk erfolgen konnte. Im normalen Betrieb wird im I. Ausbau einschließlich der in Form von Einphasenstrom an die Deutsche Reichsbahn-Gesellschaft abzugebenden Jahresarbeit von 90 Mio kWh, im Mittel 340 Mio kWh erzeugt werden. Nach Abzug der Arbeitsmenge für den Eigenbedarf (Triebwerksentschädigung), welcher sich jährlich auf 24 Mio kWh belaufen dürfte, stehen somit der allgemeinen Landesversorgung 220 bis 230 Mio kWh zur Verfügung. Im II. Ausbau, welcher die Errichtung der Pfrombacher Stufe, die Anlage eines Speicherweihers, Abfanggrabens und Gegenweihers vorsieht, wird die gesamte erzeugbare Jahresarbeit rd. 460 Mio kWh betragen.

Entsprechend dem Laufwerk-Charakter der Anlagen der Mittleren Isar fallen diesen bei der Zusammenarbeit mit dem Walchenseewerk und den übrigen Kraftquellen des Bayernwerkes zur Deckung des gesamten Energiebedarfs in der Hauptsache die Übernahme der Grundbelastung zu. Der Einsatz der Werke wird, wie bereits dargelegt wurde, auf Grund der Energiedisposition und der Wasserwirtschaftspläne der Wirtschaftlichen Abteilung des Bayernwerkes erfolgen.